国家重点研发计划"绿色宜居村镇技术创新"专项
"村镇生活垃圾高值化利用与二次污染控制技术装备"项目
（项目编号 2018YFD1100600）

村镇垃圾厌氧消化技术
简明指导手册

吕　凡　何品晶　著

U0290602

中国建筑工业出版社

图书在版编目（CIP）数据

村镇垃圾厌氧消化技术简明指导手册／吕凡，何品晶著．— 北京：中国建筑工业出版社，2024.1
ISBN 978-7-112-29579-1

Ⅰ.①村… Ⅱ.①吕… ②何… Ⅲ.①农村-垃圾处理-厌氧消化-手册 Ⅳ.①X710.5-62

中国国家版本馆 CIP 数据核字（2023）第 253303 号

责任编辑：石枫华 李 杰
责任校对：姜小莲
校对整理：李辰馨

村镇垃圾厌氧消化技术简明指导手册
吕 凡 何品晶 著

＊

中国建筑工业出版社出版、发行（北京海淀三里河路9号）
各地新华书店、建筑书店经销
北京科地亚盟排版公司制版
建工社（河北）印刷有限公司印刷

＊

开本：850毫米×1168毫米 1/32 印张：4⅜ 字数：116千字
2024年1月第一版 2024年1月第一次印刷
定价：**40.00**元
ISBN 978-7-112-29579-1
（41930）

内 容 提 要

本书是"十三五"国家重点研发计划项目"村镇生活垃圾高值化利用与二次污染控制技术装备"的研究成果。本书分为5章：第1章，介绍了厌氧消化技术处理村镇垃圾的优势和难点；第2章，介绍了厌氧消化的原理和厌氧消化技术在我国的应用历史；第3章，介绍了无机械搅拌的沼气池工艺，总结了国际上各类沼气池的类型、技术特征、工作原理、建设和运行要点，以及应用案例；第4章，介绍了机械化小型厌氧消化技术，总结了国际上相关设施、设备的类型、技术特征、工作原理、建设和运行要点、应用模式和多种应用案例；第5章，介绍了消化残余物的性质、资源化利用方法和要点，汇编了利用时应执行的相关标准，重点介绍了易腐垃圾源沼液、沼渣的各类资源化利用案例，尤其是非农用的应用案例。

本书适合作为村镇垃圾治理相关的科技人员、管理人员、产物使用单位的参考用书，也可供本科生、研究生和职校教学参考。

前　　言

在我国，厌氧消化技术有悠久的应用历史。我国一直有治粪成肥的传统，在20世纪20年代更是发明了以沼气生产和利用为目的的水压式沼气池，沿用至今已有百年，是全世界应用最广泛的沼气池类型，特别是在发展中国家的垃圾、粪污处理中大量使用。近年来，垃圾分类、减污降碳等国家政策的推行促进了我国城乡餐厨垃圾、家庭厨余垃圾等易腐垃圾的厌氧消化大中型工程建设。

欧洲为应对联合国可持续发展目标、可再生能源绿色证书等绿色低碳发展导向，推动了相比于沼气池更高效的小型规模厌氧消化设施的发展应用。因此，采用厌氧消化技术处理村镇易腐垃圾，不仅有利于易腐垃圾的就近就地处理和资源化利用，满足农村人居环境整治要求，而且可以推动构建改土保肥、低碳用能的生态系统，实现"减肥—减药—减碳"的综合效益。

在"十三五"国家重点研发计划"绿色宜居村镇技术创新"专项"村镇生活垃圾高值化利用与二次污染控制技术装备"项目（项目编号2018YFD1100600）的支持下，作者开展了村镇垃圾厌氧消化技术的系统研究、开发和实地调研。研发过程中，作者认识到该技术的有效落地需要回答村镇各级利益相关方，包括政府管理部门、技术人员、村民的各种疑问。例如，化粪池和沼气池的区别，沼气池和机械化厌氧消化设施的区别，大中型厌氧消化工程和村镇小型厌氧消化设施在建设和运行上的差别，厌氧消化技术在城市应用和在村镇应用时的差别，处理原料是粪便或是厨余垃圾对厌氧消化设施建设和运行的要求有什么不同，其消化产物性质有什么不同，处理原料是餐厨垃圾还是家庭厨余垃圾有什么影响，有什么不同的预处理要求，厨余垃圾厌氧消化产生的沼

4

液、沼渣能用吗、有没有重金属污染风险，垃圾源的沼液和沼渣应该怎么用，等等。

已有的厌氧消化专著或教材一般介绍基础理论、大中型厌氧消化技术和工艺，面向的读者对象多为专业设计和运行管理人员。而小型厌氧消化设施方面的最新研究进展多发表在英文文献，网络上检索到的多为碎片化知识，不便于系统学习和掌握。有鉴于此，作者编写了此技术简明读本，以村镇垃圾厌氧消化技术涉及的各类应用实践问题为导向，一一进行解答，同时系统梳理村镇垃圾厌氧消化处理和资源化从技术原理、技术优化、设备、设施到产物性质和应用全过程的要点，以及最新的研究和实践数据，旨在帮助村镇基层管理与技术人员切实了解和能够指导村镇垃圾厌氧消化技术。

特此感谢本课题组下列研究生和同事在编写过程中提供的帮助，包括资料收集、图表绘制、碳核算等：彭伟、聂二旗、郦超、史真超、廖南林、王志杰、黄玉龙、张宁、刘亚珩、逯滔、杨诣程！感谢住房和城乡建设部村镇建设司的指导和支持！感谢中国建筑出版传媒有限公司对本书出版的支持！

恳请使用本书的广大读者对书中的不当之处批评指正，不吝赐教。对本书的意见和建议请发送邮件至 *solidwaste@tongji.edu.cn*。

目　　录

第1章 绪 论

1.1 采用厌氧消化技术处理村镇垃圾有哪些优势

村镇垃圾中的易腐组分（也称为：可烂垃圾、厨余垃圾、易腐垃圾）采用厌氧消化技术处理和资源化利用，有下述显著的益处：

（1）村镇垃圾中的易腐组分占比高，适宜采用好氧堆肥和厌氧消化等生物处理技术就近就地处理。村镇生活垃圾中易腐组分占比 26.1％wt~63.2％wt [①]（平均 42.1％wt±12.8％wt，含水率为 53.2％wt±7.7％wt[1,2]），而且村镇垃圾除了生活垃圾外，还经常会混入各种类型的农业废弃物，例如，秸秆、非集约化生产的畜禽粪便、尾菜、茶果林木剪枝、花卉种植剪枝、菌菇渣、荷莲残枝等，甚至还有农村人居环境整理清除出来的房前屋后的一些杂草、水生植物等生物可降解的废物。这类废物都适合采用生物处理技术在当地就近就地处理，从而降低运输至县城处置的成本并减少污染，也能显著降低县城末端处理设施的负荷。

（2）厌氧消化产物类型多，均能就近就地利用。厌氧消化产生的沼液和沼渣不仅氮、磷、钾含量高，还含有多种植物生长素（例如，吲哚乙酸、赤霉素等）和丰富的微量元素（如，铜、铁、锌、硼等），可以作为土壤调理剂，或者作为有机肥，代替部分化肥，就近就地施用。与好氧堆肥技术相比，还能产生绿能——沼气，用于当地的供热供暖。

（3）垃圾所有处理技术中，厌氧消化技术的减碳效益最高。目前，易腐废物主流的资源化处理技术中，以厌氧消化技术的减

---

① wt：重量 weight 的简称，表示以湿基计。

1

碳效益最高[1,3-5]，其碳排放量约为 $-150 \sim -250$ $kgCO_2eq$，甚至能更低[4,6]，是公认的负碳技术。

1.2 采用厌氧消化技术处理村镇垃圾主要有哪些难点

厌氧消化技术的应用，包括传统的农村沼气池以及大规模的现代厌氧消化工程。

农村沼气池历史悠久，建造成本低，运行维护简单。但是，由于温度不控制，受自然天气变化影响大，尤其是低温时基本不产气，因此，农村沼气池存在产气率相对较低、物料停留时间长、产气较不稳定，低温时户用燃气利用效果不理想[7-9]，易漏气、易板结[10]，用能途径单一，往往只能作为日常燃气使用等问题。因此，很多农村沼气池设施更多是利用到了它能稳定垃圾中的有机物的作用，形成较稳定的沼液、沼渣从而进行土地利用。但是，稳定所需的时间非常长，一般需要百余天以上的稳定时间。另外，沼气池内没有主动搅拌混合的措施，因此流动性差，垃圾中的杂质容易沉积到沼气池底部，清渣困难。

大规模的现代厌氧消化工程产气效率高。国家标准《大中型沼气工程技术规范》GB/T 51063—2014 规定：用于民用的沼气工程，沼气产量不宜小于 500 m^3/d；用于发电的沼气工程，沼气产量不宜小于 1200 m^3/d。以沼气单位产量 70 m^3/t（废物）计算，则沼气工程的废物处理量不宜低于 7 t/d，拟发电的沼气工程的废物处理量不宜低于 20 t/d。囿于规模经济效应的约束[11-13]，传统上在城市建设的厌氧消化厂的处理规模一般在 50 t/d 以上[14]。家庭厨余垃圾若按 0.3 kg/(人·d) 分出量估算，则 50 t/d 厌氧消化厂服务人口是 16.7 万人，相当于县域左右规模；餐厨垃圾若按 0.1 kg/(人·d) 产生量估算，则服务人口更是高达 50 万人。因此，传统上现代化的厌氧消化厂基本只用于城市餐厨垃圾和家庭厨余垃圾等厨余垃圾，食品工业加工废物，以及农业集约化养殖场畜禽粪便的大规模集中处理，很少用于易腐垃圾的就近就地小规模处理。近年来，随着我国"双碳"目标、绿色发展、农村人居环境提升、乡村振兴等国家重大战略的实施，住房和城乡建设部等 15 部门发布了《关于加强县城绿色低碳建设的意见》（建村〔2021〕45 号，2021 年 5 月 25 日），住房和城乡建设部、国家开发银行发布了《关于推进开发性金融支持县域生活垃圾污水处理设施建设的通知》（建村〔2022〕52 号，2022 年 6 月 29 日），农业农村部、国家发展和改革委员会发布了《农业农村减排固碳实施方案》（农科教发〔2022〕2 号，2022 年 5 月 7 日）等重要文件，处理量仅为 0.5～30 t/d 的小型规模厌氧消化设施的应用需求日益增加。应用场景包括县城厨余垃圾、村镇多源易腐垃圾（厨余垃圾、尾菜、非集约化生产的畜禽粪污）、集贸市场和超市生鲜垃圾等的就近就地处理与资源化利用。但是，处理规模的缩减对厌氧消化主体反应器、易腐废物进料控制、预处理工艺、固液分离等后处理工艺、沼气净化和利用小型设备、沼液沼渣处理和利用方式、臭气等二次污染控制方式、自动化和远程控制等，从技术、设备、运维、技术模式等多方面都提出了新的挑战，需要合理控制处理成本，提高运行的稳定性。

1.3　怎样基于小型规模厌氧消化设施，构建形成社区改土保肥和低碳用能生态系统

我国有 13.8% 的村庄距离县城 50 km 以上，其中西藏、内蒙古、贵州和云南有 40% 以上的村庄距离县城 50 km 以上。地处山区、海岛、偏远地区的村庄，垃圾收运效率较低，这些地区若完全采用城乡一体化模式收运生活垃圾，收运成本极其高昂[15]。因此，村镇地区产生的易腐垃圾宜就近就地资源化处理。阳光房堆

肥或机器成肥的好氧堆肥技术路线是我国村镇易腐垃圾最常用的就近就地处理技术，易实施、成本相对较低、可产出土壤调理剂[11,16]。但是，好氧堆肥技术是净耗能技术，无法耦合社区分布式用能需求，堆置过程中还有一定的氮损失[17]。相比而言，图 1-1 所示的厌氧消化技术作为就近就地处理技术，则更有利于促进社区低碳用能和改土保肥生态系统的同步构建。以比利时为例，其小型规模厌氧消化设施自身的能量消耗约为产能的 10%～30%[18]；类似规模的易腐垃圾厌氧消化设施的能量平衡分析也得出类似的结论，例如，在北纬 23.4°的云南某地在冬季自用能量为 23%[19]，在北纬 41.4°的希腊克桑西的实践计算出是 12.36%[20]。沼气经净化至 CH_4 含量 50%（v/v）～75%（v/v）、H_2S 浓度低于 100 $\mu L/L$ 后，可通过微型热电联产（combined heat and power，CHP）、锅炉、吸收式制冷机等方式用于社区供电、热水和冷水。沼气进一步提纯至 CH_4 含量大于 95%（v/v）、H_2S 浓度低于 16 $\mu L/L$ 后可作为车用燃料，H_2S 浓度低于 4 $\mu L/L$ 可达到国家标准《天然气》GB 17820—2018 要求，可作为商品替代化石燃料。消化残余物经固液分离后的沼液和沼渣的氮、磷、钾含量较高[21,22]，适合

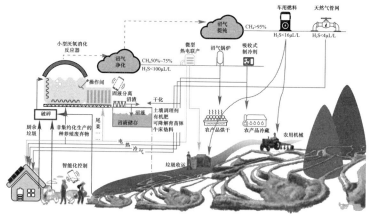

图 1-1　基于小型规模厌氧消化设施构建的社区改土
保肥和低碳用能生态系统[26]

当地就地作为土壤调理剂或有机肥利用。而且，沼渣还可以加工成可生物降解的育苗营养钵[23]、牛卧床垫料[24]。

　　近年来，从低碳用能、综合减碳、减少对波动能源市场的依赖等角度，国外已有了一些相对成熟的小型规模厌氧消化设施应用案例，称为"小型"（small-scale anaerobic digestion）或"口袋式"厌氧消化（pocket digestion）或"微型"厌氧消化反应器（micro digester），其产气效率、产气稳定性和安全性远高于沼气池，多为地上式，因此沼气可衔接微型热电联产单元，实现区域供能，而且，发酵时间缩短，有机处理负荷提高，相应的反应器占地和土建成本降低，适合易腐垃圾的处理和资源化利用。欧洲各国对于"小型"的规模定义并不一致，例如，比利时设定的最高电力是30 kWe，波兰是 40 kWe，荷兰是 50 kWe，德国是 75 kWe，法国、丹麦和意大利是 100 kWe[25]，因此这些设施一般是 10～100 kWe。

第 2 章 厌氧消化原理

2.1 厌氧消化是怎样工作的

厌氧消化，也称为厌氧发酵、沼气发酵，是指在无氧条件下，厌氧微生物将部分有机物转化为甲烷和二氧化碳的过程。相比于有氧环境下的好氧堆肥过程，厌氧消化可以产生绿色能源气体——沼气，以及富含氮、磷、钾等营养物质和植物生长素、微量元素等的沼液和沼渣，可作为土壤调理剂或有机肥（图 2-1）；处理过程不需要供氧、动力消耗低、一般仅为好氧处理的 1/10；微生物细胞合成率低，仅为好氧处理的 1/50～1/10，因此，无好氧污泥处置需求，但对微生物的培养要求较高；木质素在厌氧条件下不降解，因此，不适合处理树枝等木质纤维素含量高的物料，处理农作物秸秆时停留时间会较长，一般需要长时间青贮或碱预处理后才能提高其厌氧消化性能。

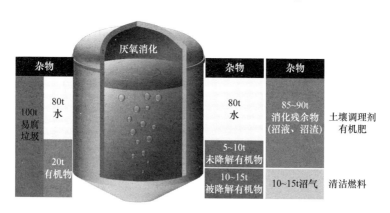

图 2-1 易腐垃圾经过厌氧消化处理后转变成沼气、沼液和沼渣

厌氧消化过程包括 4 个串联的反应阶段，即水解、酸化、乙酸

化和甲烷化。由于水解酸化涉及的微生物是同一类，因此，一般把水解、酸化两阶段合并称为水解酸化阶段，也称为发酵阶段或产酸阶段。乙酸化和甲烷化涉及的微生物一般共生在一起，因此，往往把乙酸化和甲烷化两阶段合并在一起，称为产甲烷阶段。在产酸阶段，垃圾中的固态有机物水解成液态有机大分子，然后，进一步酸化形成乳酸、乙酸、丙酸、丁酸等小分子有机酸，同时产生氢气和二氧化碳。在产甲烷阶段，各种类型小分子有机酸进一步转化为乙酸，乙酸和氢气被产甲烷菌利用转化为甲烷和二氧化碳。

　　在微生物种类、温度、酸碱度、氧气等方面，两大阶段的要求有较大的差异（图 2-2），产甲烷阶段微生物对各种环境因素更为敏感，因此，对该阶段的工艺控制要求更为严格。若产甲烷阶段微生

	产酸阶段	产甲烷阶段
有机物转化	固体颗粒→液体大分子 →各种有机酸+H_2+CO_2+NH_3	各种有机酸→乙酸 乙酸+H_2→CH_4+CO_2
微生物	水解酸化细菌 对环境较不敏感	产乙酸细菌、产甲烷菌(古菌) 对环境极其敏感
氧气	兼性厌氧，可以耐受一点氧气	专性厌氧，需完全密封
温度	温度范围较宽：10~70℃ 温度波动对其影响较小	温度仅在两个范围：中温(30~43℃) 高温(50~60℃) 温度波动不宜超过±1℃
pH	5~10	6~8
有机酸EC_{50} 抑制浓度 (pH=6~8)	6000~15000mg/L	1000~2500mg/L
氨EC_{50} 抑制浓度 (pH=6~8)	4000~6000mg/L	300~1500mg/L
碱离子EC_{50} 抑制浓度 (pH=6~8)	30~43g/L	2500~5500mg/L
其他抑制物 的抑制阈值	高	低

图 2-2　厌氧消化过程两大反应阶段的差异

物活力远低于产酸阶段，就会很容易出现有机酸累积，沼液和沼渣等消化残余物中会残留大量依然容易生物降解的有机物，其生物稳定性差，会对作物生长造成不利影响，不能直接土地利用。

2.2 有哪些因素会影响厌氧消化效率

厌氧消化过程受原料、微生物和工艺因素三大方面的综合影响。下面作具体介绍。

2.2.1 原料

1. 种类

生活垃圾中的有机物可分为三大类，即易生物降解有机组分（如淀粉、蛋白质、脂肪等）或称易腐有机物、相对难生物降解有机组分（如纤维素、半纤维素、木质素、果胶、蜡等）和不可生物降解有机组分（如塑料、橡胶等）。易腐有机物适合采用厌氧消化处理。木质纤维素含量高的垃圾组分可进行厌氧消化处理，但是需要较长的反应时间。不可生物降解有机组分若进入厌氧消化反应器，不仅不能降解，而且还容易沉积、缠绕、磨损机械，导致各种技术故障，以及残留在最终的沼液、沼渣中，不利于土地利用。

我国城镇建设行业标准《生活垃圾采样和分析方法》CJ/T 313—2009规定，生活垃圾物理组成包括11类：

（1）厨余类：各种动、植物类食品（包括各种水果）的残余物；

（2）纸类：各种废弃的纸张及纸制品；

（3）橡塑类：各种废弃的塑料、橡胶、皮革制品；

（4）纺织类：各种废弃的布类（包括化纤布）、棉花等纺织品；

（5）木竹类：各种废弃的木竹制品及花木；

（6）灰土类：炉灰、灰砂、尘土等；

（7）砖瓦陶瓷类：各种废弃的砖、瓦、瓷、石块、水泥块等块状制品；

（8）玻璃类：各种废弃的玻璃、玻璃制品；

（9）金属类：各种废弃的金属、金属制品（不包括各种纽扣电池）；

（10）其他：各种废弃的电池、油漆、杀虫剂等；

（11）混合类：粒径小于 10 mm 的、按上述分类比较困难的混合物。

其中，最适合厌氧消化处理的生活垃圾物理组分是厨余类。我国县城和村镇垃圾中的厨余类占比较高，达 26.1% wt ～ 63.2% wt（平均 $42.1\% \pm 12.8\%$ wt，含水率为 53.2% wt $\pm$ 7.7% wt）[1,2]（图 2-3、图 2-4），即过半的生活垃圾适合采用厌氧消化处理利用。

根据我国国家标准《农村生活垃圾收运和处理技术标准》GB/T 51435—2021，农村生活垃圾宜结合农村实际情况分为 2～5 类，5 类垃圾可分为易腐垃圾、可卖垃圾、有害垃圾、灰土、其他垃圾等。根据国家标准《生活垃圾分类标志》GB/T 19095—2019 可对易腐垃圾进一步分类，则易腐垃圾具体包括家庭厨余垃圾、餐厨垃圾

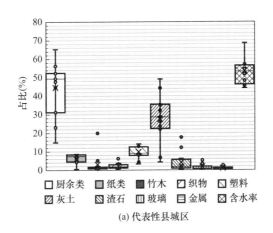

(a) 代表性县城区

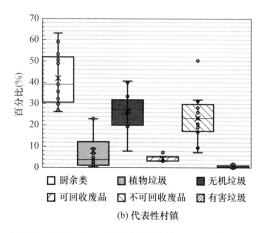

(b) 代表性村镇

图 2-3 我国代表性县城区和代表性村镇的生活垃圾组成分布[1,2]

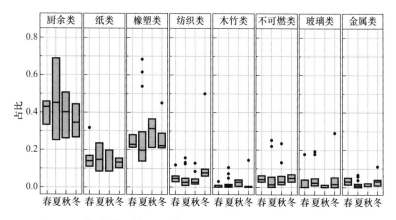

图 2-4 华北平原某县五镇 2021 年～2022 年期间春夏秋冬的
生活垃圾物理组成

（根据文献 ［27］ 数据重新绘制）

和其他厨余垃圾①。家庭厨余垃圾表示居民家庭日常生活过程中产生的菜帮、菜叶、瓜果皮壳、剩菜剩饭、废弃食物等易腐性垃圾；餐厨垃圾表示相关企业和公共机构在食品加工、饮食服务、单位

---

① 该标准中规定这些垃圾统称为"厨余垃圾"。

供餐等活动中，产生的食物残渣、食品加工废料和废弃食用油脂等；其他厨余垃圾表示农贸市场、农产品批发市场产生的蔬菜瓜果垃圾、腐肉、肉碎骨、水产品、畜禽内脏等。

需要注意的是，贝壳、肉骨头、鱼刺等按上述规定属于厨余类，竹筷、烧烤竹签等也容易混入厨余类，但是，这些组分难以生物降解，且易引发运行故障，因此，在进入厌氧消化反应器前应通过人工或机械预处理剔除。

餐厨垃圾的含油量较高，而微生物对油脂的降解速率较慢，油脂降解过程产生的中间代谢产物——长链脂肪酸对产甲烷菌的毒性较强。因此，餐厨垃圾进厌氧消化反应器前建议增加滤油措施。

村镇生活垃圾中经常会混入季节性尾菜、菜秧藤蔓、作物秸秆、花卉剪枝、杂草、水草[28]、水葫芦等植物性残余物。这些物料可以进入厌氧反应器，但其降解速率快慢不一，投料前应评估其收集量和性质，且一般都需要进行破碎预处理。

2. 尺寸

物料的颗粒尺寸会影响厌氧反应的效率。颗粒尺寸越小，比表面积则越大，物料与微生物和酶的接触更充分。因此，在进入厌氧消化反应器前通常需要对物料进行破碎预处理至 3~4 cm 以下。尤其是纤维状的菜秧藤蔓、芦苇、秸秆等，以及块状物料。

3. 含固率和进料量

视不同的厌氧反应器类型，反应器内适宜的物料含固率在 1%wt~30%wt，湿式厌氧反应器含固率一般在 1%wt~15%wt，干式厌氧反应器含固率一般在 15%wt~30%wt。易腐垃圾的原料含固率一般在 10%wt~40%wt，因此，应根据反应器类型调节进料垃圾的含固率或含水率。

垃圾若含固率高，即含水率低，则单位体积所含的有机物含量高。若有机物类型还是极易生物降解的餐厨垃圾、菜叶等组分，就会很容易短时间内产生大量的有机酸，不能及时被转化为甲烷，有机酸的大量累积会导致反应器内 pH 下降，易发生严重酸败。因此，对于此类原料应控制进料量，有机负荷宜在 1～4 kgVS/(m³·d) 以内[①]。

2.2.2 微生物

厌氧微生物的生物量合成率仅 0.01～0.1 g（生物量）/g（利用的有机物），即合成率低、生长慢，因此，维持微生物量尤其是产甲烷菌量就非常关键。

接种含有产甲烷菌的接种物，是有机垃圾厌氧处理的必要操作，影响着工艺的启动、稳定性和效率。初始厌氧生物量一般通过接种比这一工艺参数来控制。接种比是接种微生物量与进料有机物量之比（以 VS 质量比计），对于易腐垃圾，接种比宜在 1～2 以上。

根据产甲烷菌量的高低，村镇地区启动厌氧消化反应器的接种菌源依序可选择畜禽养殖场沼气工程的沼渣或脱水前的消化浆料、其他沼气池的沼渣、牛粪、污水处理厂的厌氧污泥等。

2.2.3 工艺因素

1. 温度

10～70 ℃范围内都大量分布着适宜的厌氧细菌，相比之下，属于古菌的产甲烷菌只偏好于两个不连续的温度段，即中温（30～43 ℃）和高温（50～60 ℃）。温度的切换和波动都会对产甲烷菌造成剧烈的影响，甚至导致不能恢复稳定运行。一般而言，反应器内的温度波动幅度应控制在 ±3 ℃以内。除了对微生物的直接作用外，温度还会影响物料的气—液—固相分配、黏度、传质速率、溶解度、酸碱电离平衡、气液平衡等。温度对产气的影响规律列于图 2-5。

---

① VS（volatile solid）：挥发性固体，代表有机物含量。

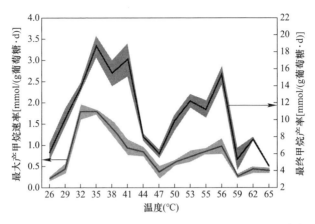

图 2-5　不同温度下葡萄糖产甲烷的产率和产气速率[29]

沼气池没有主动控温措施，因此，反应器内物料温度随外界环境温度变化，属中低温运行，导致厌氧生物反应效率较低，需要较长的反应时间。

机械化小型厌氧反应器由于规模较小，维持高温运行成本较高，因此，也多在中温运行。

2. 搅拌方式

对物料的适度搅拌，有利于物料的传质、物料与微生物的接触和有毒物质的扩散稀释，还能避免反应器内固液分层、液面浮渣、液面结壳和底部沉积。

搅拌方式可采用机械搅拌、沼液搅拌、沼气搅拌等。

3. 停留时间

在理想条件下，垃圾中可生物利用的有机物完全降解一般需要 20～60 d 时间。如图 2-6 所示，一般在反应初期有机物降解较快，后期降解慢，单位时间产气量较少。因此，物料在反应器内的停留时间一般控制在 20～40 d 范围，确保易生物降解的有机物充分转化为甲烷，达到初步生物稳定的效果。但是，沼气池这类反应器由于温度和搅拌不易控，因此，反应速率低，往往要上百天物料才得以初步生物稳定。

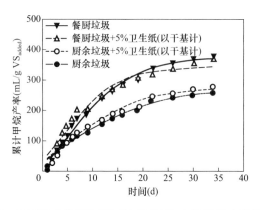

图 2-6　家庭厨余垃圾和餐厨垃圾 35 ℃中温厌氧产气情况[30]

2.3　典型村镇垃圾能产多少沼气

　　表 2-1 列出了村镇多源易腐垃圾常见的有机物组分的理化性质和产甲烷潜力。产甲烷潜力，指的是在理想条件下某种物料能被厌氧微生物转化为甲烷的最高产率。实际运行情况下，受微生物活力、停留时间等因素影响，物料的实际甲烷产率要低于其产甲烷潜力。若要获知某种物料的产甲烷潜力，可测试其生物产甲烷潜力（biochemical methane potential，BMP），或者根据物料的生物化学组成，即纤维素、半纤维素、木质素、蛋白质、脂肪等含量根据经验公式估算[31]。

典型村镇多源易腐垃圾的理化性质和产甲烷潜力　　表 2-1

（根据 ［28，31-33］ 等数据重新整理）

物料	数值类型	N 含量 （%dw）①	C/N 质量比 （g/g）	含水率 （%wt）	产甲烷潜力 （m³/kg（VS））
苹果加工业 污泥	代表值	2.8	7	59	0.25～0.30

――――――

　　①　dw：干重（dry weight）的简称，表示以干基计。

续表

物料	数值类型	N 含量 (%dw)	C/N 质量比 (g/g)	含水率 (%wt)	产甲烷潜力 (m³/kg(VS))
土豆加工废物	代表值	—	18	78	0.34
水果废物	范围	0.9~2.6	20~49	62~88	0.227~0.263
	平均值	1.4	40	80	0.25
蔬菜废物	代表值	2.5~4	11~13	60~95	0.253~0.443
鱼肉加工业 残渣	代表值	6.8	5.2	94	0.7
屠宰场 混合废物	代表值	7~10	2~4	66	0.64
家禽废物	代表值	2.4	5	65	—
有机肥	代表值	1.8	20~30	80~85	—
鸡厩粪	范围	1.6~3.9	12~15	22~46	—
	平均值	2.7	14	37	0.26
牛粪	范围	1.5~4.2	11~30	67~87	—
	平均值	2.4	19	81	0.204
猪粪	范围	1.9~4.3	9~19	65~91	—
	平均值	3.1	14	80	0.323
食品垃圾	代表值	1.9~2.9	38~43	65~68	0.3~0.8
活性污泥	代表值	5.6	6	97	0.14~0.46
小麦秸秆	范围	0.3~0.5	100~150	6~18	0.2~0.25
	平均值	0.4	127	8	0.22
玉米秸秆	范围	0.6~0.8	60~73	5~19	0.19~0.29
水稻秸秆	范围	0.6~0.9	28~70	7~11	0.21~0.26
黄豆	平均值	6.9	7.7	—	0.44
土豆	平均值	1.5	26.6	85.6	0.34
甘蔗渣	平均值	0.6	78.9	81.6	0.25
茶叶渣	平均值	4.0	12.9	—	0.16
香蕉皮	平均值	1.5	31.7	92	0.23
橘子皮	平均值	0.7	56.6	67.9	0.28
苹果皮与核	平均值	0.5	83.1	85.1	0.28

物料	数值类型	N 含量 (%dw)	C/N 质量比 (g/g)	含水率 (%wt)	产甲烷潜力 (m³/kg(VS))
西瓜皮	平均值	4.9	8.6	96.4	0.27
柚子皮	平均值	1.3	34.3	77.4	0.28
花生壳	平均值	0.6	78.9	28.5	0.03
油麦菜	平均值	5.4	9.4	95.1	0.29
芹菜	平均值	3.8	11.1	96.1	0.25
鱼骨	平均值	9.6	5.1	—	0.19
猪骨	平均值	7.4	6.9	—	0.41
猪瘦肉	平均值	16.5	3.4	75.6	0.43
猪肥肉	平均值	0.4	189.4	11.3	0.97
报纸	平均值	0.0	—	0	0.18
办公纸	平均值	0.0	—	0	0.3
卫生纸	平均值	0.0	—	0	0.29
聚合织物	平均值	8.4	6.9	0	0.04
棉花	平均值	0.1	577.7	5.5	0.42
狗牙根	平均值	1.6	30.0	32.9	0.22
芦苇	平均值	1.0	48.0	11.4	0.18
竹叶	平均值	2.3	22.3	47.4	0.2
竹枝	平均值	0.1	577.7	37.4	0.07
水杉叶	平均值	2.2	22.3	69.5	0.12
水杉枝	平均值	0.6	74.6	50.7	0.05
樟树叶	平均值	1.6	31.7	62.8	0.16
樟树枝	平均值	0.2	305.1	55.6	0.13
苦草	代表值	2.9	11.8	92.5	0.129
金鱼藻	代表值	3.0	11.3	91.5	0.115
伊乐藻	代表值	1.9	15.0	87.3	0.114
轮叶黑藻	代表值	2.6	12.5	90.0	0.150
穗花狐尾藻	代表值	2.5	14.9	88.7	0.106
菱角	代表值	3.0	13.1	89.8	0.091

2.4　厌氧消化能产生哪些环境生态效益

沼液和沼渣等消化残余物可用于生产有机肥产品或直接作为有机肥或土壤调理剂进行土地利用。消化残余物中含有大量植物易于吸收的氮、磷、钾，以及其他的宏量和微量营养元素，在循环经济、绿色发展和"双碳"目标背景下，土地利用是消化残余物可持续利用的重要途径之一，有助于保护有限的自然矿物资源，并大幅降低垃圾厌氧消化处理的碳排放量。

如图 2-7 所示，对于混合收集的生活垃圾，卫生填埋的碳排放量最高，采用焚烧发电、好氧堆肥和厌氧消化均能大幅降低碳排放。好氧堆肥和厌氧消化这两种生物处理技术均是负碳技术。尤其是厌氧消化的碳减排效益最为显著。

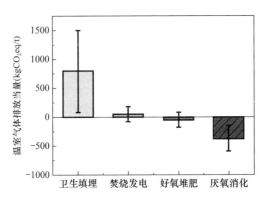

图 2-7　生活垃圾各类处理技术的碳排放量

注：根据特定场景计算，绝对数值有所出入。

如图 2-8 所示，在城市地区厌氧消化技术的碳减排效益主要考虑沼气发电的贡献，但是，在农村地区，若能实现沼渣和沼液的土地利用，则每 1 t 易腐垃圾厌氧消化的碳排放量可以从约−170 kg CO_2-eq，下降到−450 kg CO_2-eq 左右。

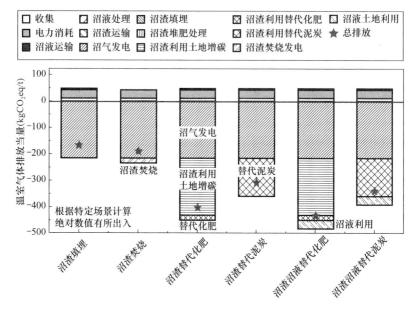

图2-8　厌氧消化技术的产物采用不同消纳
方式时的碳排放状况

因此，在村镇地区，这些生物处理技术产物的资源化消纳利
用是实现经济可持续、碳减排的关键。

2.5　厌氧消化技术在我国的应用历史

厌氧消化在全世界和我国的应用均已有悠久的历史。中国西
周时期（公元前 1046 年至公元前 771 年）成书的《易经》中《革
卦·象辞》曰："泽中有火"，这里的"泽"就是沼泽。在公元前
10 世纪，美索不达米亚平原的亚述王国就使用天然沼气来加热洗
澡水。在中国汉代（前 202 至公元 220 年），古人利用竹管运输
"火井"的天然气至炉灶，甚至煮开卤水以提取盐[34]。而且中国很
早就利用厌氧消化技术来处理污水和粪污。13 世纪的冒险家马可
波罗在游记中提到，中国可能早在 2000～3000 年前就使用有盖的

污水箱。在中国商代（公元前 16 世纪至公元前 11 世纪），"粪肥"一词意味着把粪便制成了肥料。在中国春秋时期（公元前 770 年至公元前 476 年），称为"溷轩"的厕所就是建在猪圈（公元前 221 年前的先秦时期即称为"圂"）上方，人粪、猪粪和食物残渣共同发酵后，定期从"厕窦"、"窦洞"清除成为粪肥。在中国元代（公元 13 世纪至 14 世纪），人们就很清楚要用"熟"肥代替"鲜"肥，以避免"烧苗"；对于"熟"肥，要求新鲜的畜禽粪便或人粪需要在化粪池里储存 6 个月以上（图 2-9）。在中国明代（公元 14 世纪至 17 世纪），农民为缩短稳定期，采用"蒸"法，即将粪便与土壤、垃圾、农作物秸秆和树叶等一起堆放，并用土壤覆盖，我们现在可称之为是一种"干式"消化或发酵。清朝罗泽南（1807 年～1856 年）遗集《粪叟传》记录了一位粪叟精研治粪成肥之术，"粪有人溲，禽溲，兽溲"，"其地有厕，有池，有沟，有窖，有砖房，土室，茅厂"，"杂腐草败叶，用泥蕴酿之，经数月以成"，"人其得粪以施于田园无不利，争售之"。由此可见，类似化粪池这样的设施已有悠久的历史。但是，化粪池（Septic Tank）不能认为是沼气池（Digester），因为其没有主动收集沼气，

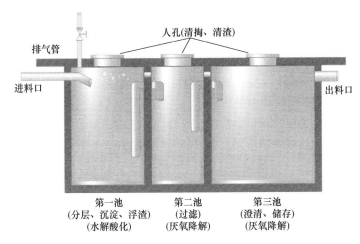

图 2-9　现代三格化粪池典型构造

19

以及为了提高沼气产率而采取的如保温、隔绝氧气、进出料、搅拌等针对性技术措施。化粪池虽然其工作原理是利用了厌氧消化过程，但其使用目的是为了促进粪污稳定化、形成肥料，而不是为了利用开发沼气。

图 2-10　中华国瑞瓦斯全国总行广告，登于上海出版的《申报》[36]

19 世纪 80 年代后期，广东省潮州地区进行了一些初步试验，生产瓦斯和建造粗制瓦斯的沼气池[35]。而沼气在中国的工业化开发利用应归功于罗国瑞先生。1921 年初，他在广东省汕头市新兴路建造了一个 8 m³ 的长方体水压式沼气池，为自家做饭和照明提供能源。他于 1929 年和 1931 年分别在汕头和上海创立了中华国瑞煤气灯公司，以推广这项技术，改善农村能源供应。他的广告口号是"垃圾点灯"（图 2-10），意即"天然瓦斯又名沼气，废弃腐物产生，用煤气之热力，而无煤气之毒质，有电灯之光亮，而无触电之危险，清洁卫生，经济、安全，普及社会，福国利民"、"解决经济燃料、提倡利用废物"[36]，这可能是我国有史以来的第一次能源环保宣传活动。当时，该技术迅速传播到长江周边的 13 个南方省份。1933 年出版了《中国国瑞沼气池实用讲义》，这是中国乃至世界上第一部关于沼气的专著。另一个重要人物是汉口市的田立芳，他于 1930 年成功设计了带有机械混合器的圆柱形水压式沼气池和带有可拆卸盖的沼气池。不幸的是，这种沼气技术在1937年中日战争爆发时就夭折了[36]。

在20世纪60年代、70年代，全国曾第二次、第三次推广了"农村户用沼气"。1979年国务院批转农业部等《关于当前农村沼气建设中几个问题的报告》，推动了20世纪80年代初期农村户用沼气建设。但是，由于各种技术障碍，例如，气体和液体泄漏、畜禽粪便原料量不足、农作物秸秆堵塞以及缺乏维护和监控知识等原因，这些沼气工程很多被废弃。直到最近20年，厌氧消化技术重新被考虑用于环境卫生、能源利用、生态环境保护和应对全球气候变化。2003年，国家颁布了《农村沼气建设国债项目管理办法（试行）》，2005年颁布的《中华人民共和国可再生能源法》和2007年颁布的《可再生能源中长期发展规划》均将沼气列为中国重点发展的生物质能源。2007年颁布的《全国农村沼气工程建设规划（2006—2010年）》、2017年颁布的《全国农村沼气发展"十三五"规划》和2023年国家标准委等十一部门印发的《碳达峰碳中和标准体系建设指南》中沼气（生物天然气）赫然在列。这些政策推动了沼气工程项目进一步发展，既有沼气池，还有畜禽养殖场集中式厌氧处理厂、污水处理厂、污泥厌氧消化厂以及城市餐厨垃圾和分类后厨余垃圾的现代化厌氧消化资源化利用工厂等。

第3章 沼 气 池

3.1 沼气池有哪些样式可选择

沼气池不仅在我国农村地区广泛使用，在全世界其他地区的农村，特别是发展中国家也非常受欢迎，被广泛用于处理人畜粪便、秸秆、易腐生活垃圾等，开发出了多种不同类型实用的沼气池形式。

水压式固定圆顶沼气池，也称为中国式沼气池（China-style fixed dome digester），被认为是由20世纪20年代的罗国瑞先生研发。目前，这是全球发展中国家中应用最广泛的沼气池类型[37]。图3-1为几种经典的水压式固定圆顶沼气池结构设计示意图。沼气池由进料口（进料间）、发酵间和水压间三部分构成。发酵间顶部一般为圆顶。图3-1（a）中沼气池的发酵间与进料口和水压间通过管道联通。图3-1（b）中发酵间与水压间结构上直接联通，从而增加了发酵间容积，而且右侧阶梯设计，便于操作检修。图3-1（c）的一体化构造，在结构上更为紧凑。

印度迪恩班杜（Deenbandhu）沼气池也属于水压式固定圆顶沼气池，通常称为印度水压式固定圆顶沼气池（India-style fixed dome digester），是由总部位于新德里的粮食生产行动志愿组织（AFPRO）于1984年开发。该沼气池的固定圆顶为半球形，由预制的水泥或钢筋混凝土制成，连接到底部弯曲的消化池上（图3-2）。由于其近球型构造以及预制结构，该设施能耐受更高的沼气压力，有利于进出料，以及提高产气率。印度约90％的沼气池属于Deenbandhu类型。图3-3为印度沼气池实物图。

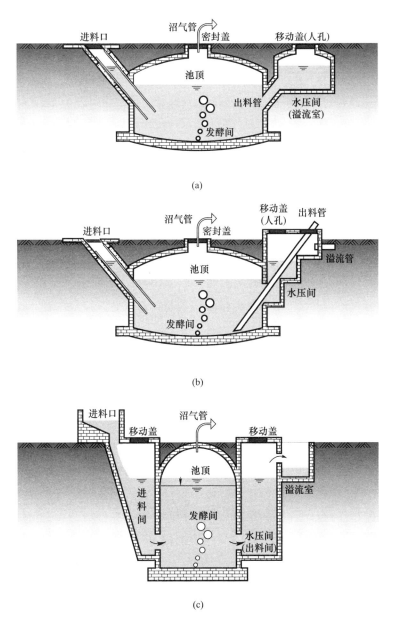

图 3-1　中国水压式固定圆顶沼气池结构示意图

23

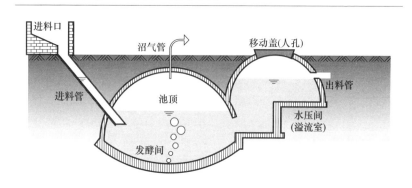

图 3-2　印度水压式固定圆顶沼气池结构示意图

(a) 沼气池地上部分(一)　　　　　(b) 沼气池地上部分(二)

(c) 沼气贮存袋　　　　　　　(d) 进料为餐厨垃圾

图 3-3　印度沼气池实物图

　　浮动罩沼气池（floating drum digester）一般为立式筒状，带浮动沼气罩，材质一般为不锈钢，可随着沼气的产生和消耗上下浮动。图 3-4 为两种经典的浮动罩沼气池结构设计示意图。图 3-4（a）中沼气罩通过固定在池内的支架上下浮动，池内可设置隔板，避免短流。图 3-4（b）中，沼气罩通过池顶壁的水封圈上下浮动。图 3-5 为浮动罩沼气池实物图。

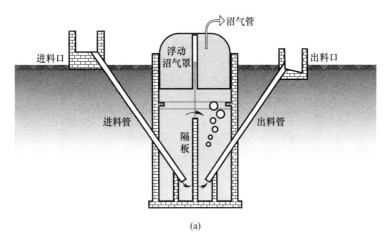

(a)

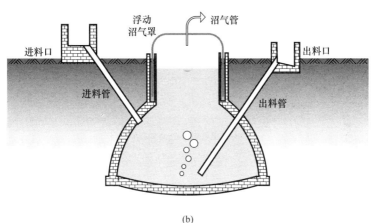

(b)

图 3-4　浮动罩沼气池结构示意图

此类沼气池在印度应用广泛，1956 年由 Jashu Bhai J Patel 建设的 Gobar 沼气厂建成了第一个浮动罩沼气池。

管状沼气池（tubular digester），一般为卧式长条形，依靠水流自然流动，形成接近推流式的作用（图 3-6、图 3-7）。该类沼气池可以是全部固定结构，也可以是顶部采用高密度聚乙烯膜材料覆盖密封后同时作为沼气储藏空间，也可以是整个池体是由高强度硬质或柔性塑料制成的容器。

图 3-5　浮动罩沼气池实物图[38]

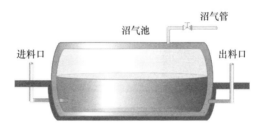

图 3-6　管状沼气池结构示意图

图 3-7　管状沼气池实物图[39]

此外，还有厌氧塘（anaerobic lagoon）。图 3-8 为双池设置厌氧塘，第一池为发酵区，第二池可以作为深度发酵、澄清和贮存空间。

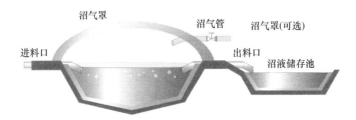

沼气罩　　沼气管　沼气罩(可选)

进料口　　　　　　　出料口　沼液储存池

图 3-8　厌氧塘结构示意图

表 3-1 列出了上述几种沼气池的技术经济性能数据。

不同类型沼气池的技术经济性能比较[38]　　　　表 3-1

指标	水压式沼气池	浮动罩沼气池	管状沼气池	塑料容器沼气池
储气量	罐内储气，内部储气量大，可达 20 m^3	罐内储气，储气量取决于内部储气空间，储气量较小	外接沼气袋（罐）	罐内储气，储气量小
气体压力	6～12 kPa 之间	最高 2 kPa	低，大约 0.2 kPa	低，大约 0.2 kPa
结构特征	较高；砌筑、管道	较高；砌筑、管道、焊接	高度中等；管道	较矮；管道
材料易得性	是	是	是	是
耐用性	很长，20 年以上	长，浮动罩是弱点	中等，基于选择的内衬	中等
搅拌	依靠沼气压力形成搅动	内部隔板实现推流和一定的搅动	不能；推流式	内部可设置隔板
尺寸	6～124 m^3 消化池容积	最大 20 m^3	多种组合	沼气池容积最大 6 m^3
沼气产量	高	中等	低	中等

3.2 我国的水压式沼气池是如何工作的

水压式固定圆顶沼气池，简称水压式沼气池（图 3-1），是我国农村地区推广最早、使用数量最多的基本池型。该沼气池是在"三结合"、"移动盖"、"直管进料"、"中层出料"等类型的基础上，进行优化而形成。"三结合"是指农村地区的厕所、猪圈和沼气池相结合，这样可以将人畜粪便直接注入沼气池发酵间进行发酵。其中的"圆、小、浅"是指水压式沼气池具有池体圆、体积小、埋深浅的特点，并且，沼气池顶部具有活动盖板"移动盖"，便于检修、维护。

水压式沼气池的主要构造包括地埋式发酵间、液封进料管和水压间（图 3-1）。发酵间同时具有储气功能，气体出口与用具直接连接。水压间同时也是出料间。

其工作原理是运行中因发酵间内相对恒定的产气过程和顶部周期性波动的用气排气过程，使发酵间池顶沼气压力形成变化，造成发酵间与水压间之间的气压和液位形成"气压水"和"水压气"的周期性波动，对发酵间的物料具有搅动作用。例如，随着发酵间内的沼气不断产生，导致池顶压力相应增大，增高的气压迫使发酵间内的一部分发酵物料进到与池体相通的水压间内，使得水压间内的液面升高，即"气压水"。而当开始使用沼气时，沼气在水压间液面的压力下排出，即"水压气"。随着沼气量减少，水压间的物料又返回发酵间内，使得物料液位差下降，池顶沼气压力也随之相应降低。发酵间和水压间的液面不断地自动升降，相应调节了池顶气室的气压，确保后端燃气用具火力的相对稳定。经过一段时间的发酵之后，稳定的发酵产物可以通过水压间排出，经过脱气、沉降分离后可以还田利用。

与其他类型的沼气池相比，水压式沼气池的搅动混合效果最强，且是无动力的，不仅节省了采用机械搅拌、沼液或沼气搅拌的能耗，而且免除了在池体内部设置机械搅拌部件，避免了这些机械部件容易产生的故障、腐蚀等问题。搅动混合作用促进了有机物的降解、与微生物的接触、脱气、减少浮渣和沉淀等分层问题，适合于含固率较高的物料，可有效提高沼气产率，降低维护需求。这也是水压式沼气池与传统化粪池的主要区别。

此外，水压式沼气池顶部采用的圆顶或穹顶结构，有利于池体承受更高的沼气压力，"气压水"作用更为强烈，可进一步促进搅动混合效果。

图 3-9 为我国华北平原某镇的沼气池及辅助设施、设备的实例。

(a) 简易的进料破碎机和卸料池

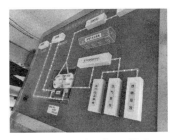

(b) 某镇沼气池工艺展示模型

(c) 消化物干化池

(d) 沼气燃灶

图 3-9　华北平原某镇的沼气池及辅助设施、设备

3.3　水压式沼气池都有哪些优点和缺点

水压式沼气池具备以下优点：

（1）池体结构能够充分利用周围土壤的承载能力，能够保持受力性能良好。所以，在池体建造方面能够省工省料，降低成本。

（2）水压式原理能够促进发酵物料在发酵间和水压间的往复运动，形成良好的无动力搅动混合效果，可节省设备和动力成本，提高产气率。

（3）固定圆顶构造有利于承受较高的沼气压力，易形成"气压水"作用。

（4）物料多样性。由于具有较好的搅动混合效果，该类型沼气池内物料的含固率可达 7%wt。因此，适于装填多种发酵原料。例如，农村的养殖畜禽粪便、农业废弃物和厨余垃圾等，而不仅仅是污水、废水，对综合改善农村人居环境、促进有机肥积累十分有利。

（5）池体埋于地下，有利于池体一定程度的保温效果。

水压式沼气池的缺点主要是：

（1）气压在 4～16 kPa① 之间反复变化，对池体强度、灯具亮度、灶具燃烧效率、热水器热水的稳定与提高具有不利影响。

（2）由于缺少主动搅拌装置，发酵间内的物料浮渣还是比较容易结壳，物料均质程度不佳，导致发酵原料的利用率依然不高，池容产气率较低。

（3）由于中层出料，且活动盖直径固定，对发酵结束的底部物料出料和沉积杂质清渣比较困难。因此，建议出料的时候最好采用高效率的机械出料方式，进料则要确保垃圾分类的质量，尽量减少杂质进入。

（4）水压式沼气池的处理效果受池内物料温度影响。池内物料温度低于 15 ℃时，微生物代谢活动受限、处理效果较差。

（5）同时，水压式沼气池处理基本没有减量效果。消化残余物尤其是沼液，若要与土地施用的季节性匹配，则需要一定的长

————————

① 1 mbar＝0.1 kPa。

期储存空间。因此,水压式沼气池主要适合于冬季霜期短、植物生长季较长的南方省份。

3.4 水压式沼气池的建造和使用可依据的规范

水压式沼气池具有构造简单、施工方便、成本合理和适应性强等优点,在我国已有超过百年的使用历史,也是目前我国农村推广的主要技术,并得到广大群众认可。但是,厌氧发酵环境条件受当地气候条件影响较大,普遍适用的区域为淮河—秦岭线以南的省份,而偏北省份的农村在使用水压式沼气技术时,应在施工选址过程中,因地制宜地考虑冬季沼气池的保温需要。因此,南方多采用"三结合"(厕所、猪圈、沼气池)方式,而北方多采用"四位一体"(厕所、猪圈、沼气池、太阳能温棚)方式。

水压式沼气池建造之前,首先要结合多年来的实践经验做好设计工作。设计与模式配套应符合国家现行标准《户用沼气池设计规范》GB/T 4750、《户用沼气池施工操作规程》GB/T 4752、《村级沼气集中供气站技术规范》NY/T 3438 的规定,同时还要遵循以下原则:

(1)"四结合"原则。沼气池的建造多与农村地区的种养相结合,与畜圈、厕所相连,使人畜粪便顺畅进入发酵间内,保证正常产气、持续产气,有利于易腐垃圾和粪便的就近就地资源化处理,既改善了人居环境。同时,沼液、沼渣就近送到田地作积肥,又实现了出料的就近就地资源化利用。

(2)"圆、小、浅"原则。圆形沼气池较方形或长方形具有表面积小的特点,比较省料。圆形池壁没有直角,并且四周受力均匀,池体较牢固,耐压,易解决密闭性差的问题。而且,采用固定圆顶可以耐受更高的压力。另外,我国北方气温较低,圆形池置于地下,易与周围土壤密切接触,有利于利用地温,安全越冬。

"小"是指主池容积不宜过大，一般为 6～12 m^3。池体相对于进料量过大的话，沼气压力增幅不显著，削弱了"气压水"效果。"浅"是指池深一般不易超过 2 m，以减少挖土深度，便于避开地下水，而且发酵液水面的面积相对较大，同样的沼气压差下压出水的液位差变化幅度较小，避免用气时的大幅波动。

（3）"直管进料，出料口加盖"原则。直管进料的目的是使进料流畅，也便于搅拌。出料口加盖可以保持环境卫生和人员安全，防止人员坠入。

3.5　水压式沼气池在建设的时候要注意哪些主要事项

3.5.1　池基的选择应结合土质

沼气池在建造的过程中应充分结合土质特点选择地基和位置，应满足现行国家标准《户用沼气池施工操作规程》GB/T 4752 的规定，这决定了沼气池的质量和寿命。如果在土层松软、沙性土及地下水位较高的烂泥土上建造沼气池，池基承载力不高，必然引起池体沉降或不均匀沉降，造成池体破裂，漏水漏气。除此之外，北方干旱地区还应考虑沼气池离水源和用户都要近些，若沼气池离用户较远，不但管理（如加水、加料等）不便，输送沼气的管道也要很长，这样会影响沼气的压力，燃烧效果不好。

3.5.2　低温地区的保温方式

1. 沼气池选址

冬季低温会严重影响微生物活性，导致沼气产气率降低。可以利用太阳光照和地温进行保温。因此，沼气池在选址时要充分考虑利用太阳光照，应选择在背风向阳、地下水位低的地方修建。沼气池的发酵间主池和水压间应选择在背风向阳处，发酵间置于冻土层以下。除此之外，为了达到更好的保温效果，储气室也应建在冻土层以下。

2. 池壁防寒

在建造沼气池时，池壁应采用橡塑板等保温材料进行保温。可在沼气池周围挖一条防寒沟，宽度为 0.2～0.3 m，距沼气池内壁 1.0 m 左右。沟渠深度与沼气池深度相同。防寒沟应填充透气低导热材料，例如，矿渣、干牛粪、干马粪、稻草等。沼气池上可堆放杂草和秸秆，也可在沼气池上铺一层植物灰和煤渣，再用双层塑料薄膜覆盖，以达到白天集热和夜晚保温的效果。有条件的地区也可以采用发热材料覆盖，或者建在温室大棚下方，以保证保暖和防寒效果。

近年来，随着新能源的推广应用，还可以利用太阳能为池体加热。

3.5.3　保证密闭性

水压式沼气池储气部分的气密性对施工人员的技术水平和责任心要求较高，稍有不慎便会造成漏水、漏气，影响产气量。沼气管路设计应满足现行行业标准《户用沼气输气系统》NY/T 1496 的规定，该标准分为 4 部分。第 1 部分：塑料管材；第 2 部分：塑料管件；第 3 部分：塑料开关；第 4 部分：设计与安装规范。在厌氧发酵过程中，产甲烷菌需要在严格的厌氧条件下生存、繁殖。在沼气发酵的最初阶段—水解酸化阶段，以厌氧细菌为主，少数好氧细菌和兼性厌氧细菌共同作用，将复杂的有机物分解成简单的有机酸。因此，如果沼气池气密性较好，沼气池内原有的空气和进料时带入的部分空气，不会对沼气发酵造成影响。因为少量的氧气很快就会在产酸过程中被好氧细菌消耗掉。在产甲烷阶段，产甲烷菌等是专性厌氧菌，少量氧气对产甲烷菌就具有毒害作用。因此，沼气发酵需要严格的厌氧环境，否则产气量较低甚至不产气。

另外，甲烷是一种温室气体，其温室效应是二氧化碳的 20 多倍。好的密闭效果可减少甲烷的泄漏。

3.6 水压式沼气池运行时有哪些相关安全规定

沼气池若稳定产气，其池顶沼气中的甲烷浓度大约在 40%（v/v）～60%（v/v）。甲烷是易燃、易爆气体，其爆炸体积浓度范围是 5%（v/v）～15%（v/v）。所以沼气的安全生产和使用非常关键，应注意如下几点：

（1）加盖。沼气池进出料口要加盖子，以减少沼气逸散，防止人员跌落。

（2）启动。沼气发酵启动过程中，试火应在灯具、炉具上进行，禁止在导气管口试火。

（3）进出料。活动盖子密封的条件下，进出料的速度不宜过快，以保证池内缓慢升压或降压。

（4）下池维修。沼气池在大换料时要把所有盖口打开，使空气流通。在未确保池内安全的前提下，不允许工作人员下池操作。操作人员不得单人在池内操作，下池人员要系安全绳，以防发生意外。

（5）定期检修。输气管道接头、开关等处要经常检修，防止输气管路漏气或堵塞。水压表要定期检查，确保水压表能够准确反应池内的压力变化。要经常排放冷凝水收集器中的积水，以防管道发生水堵。

（6）杜绝明火。在沼气池日常进出料时，不得使用沼气燃烧。不得有明火接近沼气池。不得在沼气池边上抽烟。不得在附近开展会产生火花、静电的施工操作。

（7）标识。应在沼气池边上设置标识醒目的严禁明火、动火、烟火、抽烟标识。

（8）监控。有条件的应安装甲烷报警装置。

3.7　如何解决水压式沼气池处理厨余垃圾时的技术问题

3.7.1　原料预处理

多年的工程实践表明，沼气池的布局是建立在农村地区种养结合的基础上的。而随着农村人口多已外出工作，散养的家畜随之减少，导致原料不足。田地的作物秸秆又具有较高的纤维素含量，短期内难以生物降解。同时，作物秸秆的颗粒形态也会影响沼气池均质效果和消化速率，还可能阻塞连接管道。因此，在实施垃圾分类的背景下，产生的厨余垃圾可以作为发酵的原料，可以村为单位集中收集厨余垃圾进行发酵供气。村级沼气供应站除了应满足现行行业标准《村级沼气集中供气站技术规范　第1部分：设计》NY/T 3438.1 的规定外，为了保证物料的均质性，还需配备简单的预处理设备，具体包括：破碎匀浆；保证颗粒悬浮；破碎匀浆物料、沉砂除杂，避免在沼气池内沉积；人工或机械撤除塑料袋、塑料绳等，避免形成浮渣或搭桥堵塞。

3.7.2　保温效果

温度影响厌氧微生物代谢速率。尤其是在冬季时，沼气池散热量大，需要补充热量维持沼气池温度。即便地埋式沼气池能够与周围的土壤充分接触，具备一定的保温作用，但在北方的冬季，低温还是会导致微生物活性大幅降低。物料进入沼气池前加热是最简单有效的沼气池温度控制方法，现在也出现了采用太阳能板加热，或者利用储能材料作为辅助保温层等方法。

除此之外，在建造沼气池之前应该合理地选择位置和深度，以增强冬季的保温效果。

3.7.3 物料酸化

与传统沼气池处理的粪便类物料相比，厨余垃圾中快速易降解的有机物比例更高，更易水解酸化，沼气池内酸化会影响有机物降解和产气。保持沼气池稳定消化需要采用缓冲物料酸化的手段，其中，适用于水压式沼气池的主要是强化搅动和优化原料配比。

强化水压式沼气池搅动效果，可以通过安装可主动调节气压的储气装置，控制储气压力变化范围，使沼气池液位随之变化以驱动沼气池与水压间的物料流动，从而强化搅动。或者优化水压式沼气池的结构，通过提高沼气压力，从而实现强化搅动效果。

优化原料配比可以采用与化粪池粪渣共处理的方法，化粪池粪渣的蛋白质类化合物水解已较为充分，碳氮比高于鲜粪，残余有机物的水解速率也较低，既可以起到酸化缓冲作用，也可控制因氨累积造成的产气抑制；同时，也可以解决农村改厕后，粪便有效利用的普遍性问题。而且，还可以利用村镇地区易腐垃圾来源多样的特点优化原料配比。

3.7.4 产物稳定

排出沼气池的产物需要脱气、稳定从而保证施用安全，稳定后还需要进行固液分离，便于沼液、沼渣的田间施用。

3.8 沼气池处理易腐垃圾运行实例

江苏省沛县在传统的户用小型沼气池（8～10 m³）基础上进行了改进，以用于消纳多户、村镇级别产生的易腐垃圾（以行政村为单位，或紧邻的行政村联合建设）。改进后沼气池的单体池容一般为 50 m³，称之为"垃圾发酵池"，已在沛县 18 个乡镇（街道、场）的多个行政村建成运行，具体介绍如下[40]。

地下湿式厌氧发酵池 2 座（图 3-10），每池池容 50 m³，总计 100 m³，服务人口 1000 人。池容量是根据常住人口数量设计的。根据沛县已有的实践，当地农村每人每天平均产生易腐垃圾 0.21 kg、入厕的尿液 0.6 kg、粪便 0.5 kg，因此每人每月产生易腐垃圾和粪尿的总量为 39.3 kg。即理论上一个常住人口 1000 人的村，每月产生易腐垃圾和户厕粪尿的总量为 39.3 t。根据冬春季日处理量的标准，处理 39.3 t 则需要 2 座 50 m³ 的发酵池。

图 3-10　双池型发酵池结构示意图

实行双池循环发酵操作。当 1 号池填注满料时，继而填注 2 号池；2 号池填注满料时，1 号池已经完成充分发酵进而可以出料，如此循环往复。

协同处理过程由垃圾发酵池管理员操作，将易腐垃圾机器破碎，然后倒入厌氧发酵池；抽粪车运来的厕所粪污，经格栅剔除卫生巾等杂物后，排入池内，与易腐垃圾混合发酵。所产沼气供附近农户生活使用。沼液、沼渣混合物经抽液泵抽至渣液分离、晾晒干化房（图 3-11），节省了 20 元/t 的絮凝剂和机械压滤的费用；自然分离后的沼渣用于育苗基质，沼液用于防治小麦、蔬菜的蚜虫和果树红蜘蛛，同时，还可用于叶面喷施肥，取得了很好的效果。发酵池清料易于实现，经常有种植大户直接抽取沼渣、沼液混合物，作为浇灌果树的液态有机肥。

在运行管理和费用方面，由镇环卫所派出 2 名管理员，每人

(a) 平面布置图

(b) 沼渣晾晒干化房

图 3-11　江苏省沛县垃圾发酵池

每天分时段管理 4 个行政村的垃圾发酵池，负责进料、维护、记录和定期出料等工作。管理员将保洁员收集来的易腐垃圾称重记录，按照 0.16 元/kg 对保洁员奖励。户用三格化粪池已满时，农户打电话请抽粪车车主机械化清掏，农户付费给车主 40 元作为清运费。抽粪车车主将粪污运送至厌氧发酵站，厌氧发酵站管理员不收取处理费用，即"两不找"。沼渣、沼液出料后的运输费用，由使用沼渣、沼液的种植大户承担。发酵处理过程中，管理费用、保洁员奖励费用和电费由镇环卫所承担。

第4章 机械化小型厌氧消化技术

4.1 在村镇地区应用的机械化小型厌氧消化技术与在城市应用的大型厌氧消化技术的应用条件有什么不同

4.1.1 垃圾分类要做好，预处理要简单

小型厌氧消化设备或设施机械化程度高于沼气池、操作维护简单，但单位处理量的设备投资成本要高于大型处理设施。因此，如图4-1所示，需要进一步简化预处理环节，提高垃圾源头分类水平，尽可能减少进发酵池易腐垃圾中的塑料、石块等杂物。易腐垃圾进料中的杂质越少，预处理环节就可以越简单，只有流程短、设备少，才有可能做到易于维护。

4.1.2 运行维护要尽可能简单

村镇地区一般缺乏专业技术人员和适用的维修维护材料，因此，要采用更易操作或易于数字化监控的厌氧反应器形式。近年来，国内外的数字化建设推动了远程客户端的广泛应用，已经能够实现数据实时跟踪、自动化控制、远程监控等技术，从而可以降低对现场专业技术人员的技能要求。

4.1.3 沼液、沼渣要就近就地利用

在城市地区缺乏足够的土地利用条件，因此易腐垃圾厌氧消化后只能利用其产生的沼气，而产生的沼液一般只能当作废水处

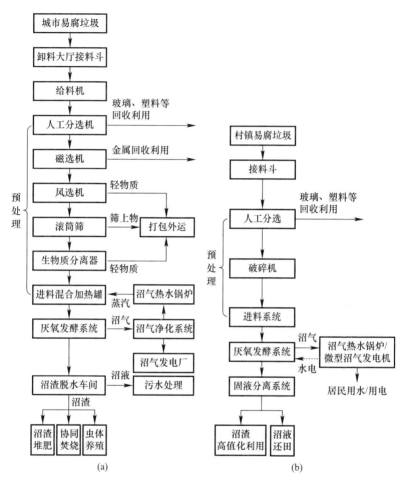

图 4-1　城市和村镇易腐垃圾厌氧消化系统典型流程对比

（a）城市易腐垃圾大中型厌氧消化系统流程；（b）村镇易腐垃圾小型厌氧消化
系统流程

理，沼渣只能焚烧或填埋处置。这种沼液、沼渣的处理处置方式不仅处理成本高，而且沼液、沼渣中丰富的营养成分没有实现资源化利用，大幅削弱了厌氧消化技术的资源和减碳效益。

　　而在村镇地区采用厌氧消化，产生的沼气除产热、发电供设备自用外，还可用于向周边居民提供燃气、热水或发电上网；沼渣、沼液经稳定化处理后作为沼肥进行利用，可进一步降低运行维护成本。

因此，在村镇地区应用机械化小型厌氧消化技术，技术构成可简化为：进料＋厌氧消化罐＋消化物脱水＋沼液处理＋沼气锅炉热水/微型沼气发电机，2～5 t/d 左右处理能力的所有构件甚至可以集成至一个集装箱内。

4.2　小型厌氧消化反应器都有哪些类型

与大型反应器相比，小型厌氧消化反应器在保证高效率和稳定运行的同时，还要流程简单、易维护、低成本，因此更注重搅拌、保温、密闭、结构紧凑。具体的反应器类型包括全混合连续搅拌反应器（continuously stirred tank reactor，CSTR）、气体引流式生物床反应器（induced blanket digester，IBD）、机械搅拌辅助的柱塞流反应器（plug-flow reactor，PFR）和车库型批式反应器。

4.2.1　全混合连续搅拌反应器及主要组合形式

如图 4-2 所示，CSTR 是应用最普遍的小型厌氧消化反应器，适用于多种类型的易腐垃圾进料。一般反应器内物料含固率在 3%wt～10%wt。

其中，混合是该类型反应器的关键，目的是改善和促进底物与微生物的接触条件，减少死区，并防止短路、分层、浮渣、积砂。同时，混合也是厌氧消化厂运行过程中能耗最高的环节[41]，可占到全厂能耗的 54%[42]。反应器内物料的含固率对混合的均质效果和能耗影响极大。以蛋形反应器为例，当物料含固率增至 5.4%wt～7.5%wt 时，反应器内流动模式开始发生变化；物料含固率为 2.5%wt 时导流管内机械叶轮的转速仅 600 rpm，反应器内的物料就能混合均匀。但是，物料含固率若增至 12%wt，则叶轮

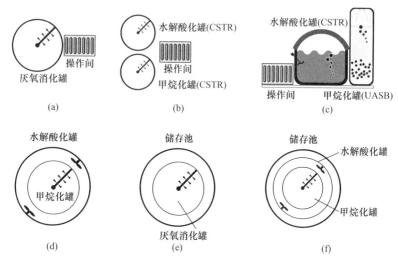

图 4-2　可用于小型规模厌氧消化的全混合连续
搅拌反应器及主要组合形式[26]

转速需达到 1000 rpm 才能混合均匀[43]。

因此，为了提高混合效果，可采用的混合形式包括气体混合、使用带叶轮混合器或泵的水力混合、机械混合。具体介绍如下。

1. 气体混合

气体混合包括无限制和限制两种类型。

无限制气体混合有底部扩散器和气体喷枪两种类型；底部扩散器易堵塞、低效、较过时；气体喷枪顺序喷射高压气体，可用于破碎浮渣，但沼气池底部的混合效果较差。

限制气体混合包括气体喷射管和气泡枪两种类型；气体喷射管有气体提升系统，由一个位于中央的落地式喷射管和单独的气体喷枪组成；气泡枪，也称为气体活塞式系统，或"cannon"混合器，多个喷射管从反应器底部侧壁进入"气泡室"，气泡从顶部喷出时，会"爆发"打破表面浮渣，由于底部进料，气体压缩机必须具有更高的压力和更高的马力。

采用计算流体动力学（computational fluid dynamics，CFD）

模拟的结果表明，直径 12 m、高 6.7 m 的反应器，当反应器内物料含固率 TS 为 5.4%wt、混合能量水平为 5 W/m³ 时，限制气体混合在流场的均匀性方面比无限制气体混合表现更好，尤其是双气泡枪[44]。

2. 水力混合

水力混合时，液态物料可以通过带机械叶轮的导流管驱动，或者通过泵驱动。导流管可装在反应器内或反应器外。早期带机械叶轮的导流管系统存在结垢或纤维物积聚的问题，现在发展为具有反向旋转电机的"无沉积、自清洁"（ragless，self cleaning）三叶片或双叶片叶轮，可实现动态平衡，避免杂物在叶轮上积聚。外部泵系统可以采用轴流泵、螺杆离心泵或者切割泵（也称为斩波泵）。切割泵适合泵送含有长纤维组分的物料。

3. 机械混合

机械混合功耗低、不容易起泡、混合完全、维护需求较低。

常见的机械混合系统的叶轮直径相对较大，旋转速度相对较慢。搅拌器通过空心轴减速器驱动，空心轴由承载止推轴承的安全底座支撑，主轴采用迷宫式水封密封，可自动定期反转轴旋转，以防止杂物积聚在叶轮上。轴和叶轮需采用不锈钢复合材料，以确保强度和防腐。

潜水搅拌机的混合效果包括了机械混合和水力混合，可分为混合搅拌和低速推流两大系列。混合系列的叶轮直径小，一般叶径在 260～620 mm 之间，转速 480～980 r/min 之间，目的是混合搅拌；推流式的叶轮直径一般叶径在 1100～2500 mm 之间，转速 22～115 r/min 之间，推程远，目的是推进水流，也称为潜水推进器。潜水推进器通过定点布设叶轮，无需导流管也可形成水力混合作用；叶轮的形状和螺距经过优化设计，因此由电机或液压直接驱动的叶轮，可产生低切向开放式的强力水流；而且，通过动态混合控制器（一种智能变频器）实时监控温度、功耗、速度和扭矩，相应调整转速以及在反应器内的高度和角度，可有效降低混合能耗。与齿轮箱驱动叶轮相比，潜水推进器可减少维护需求，适合搅拌的物料的含固率可高达 15% wt[41]。池容 $1400\ m^3$、物料密度 $1090\ kg/m^3$ 的反应器通过设置双潜水推进器，85% 的池体空间内的物料均能得到充分混合，混合功耗约 $30\ kW$[45]，最高流速可达 $0.28\ m/s$[46]。

但是，混合并不是越充分越好。多位研究人员均发现，间歇搅拌的厌氧产气效率反而高于连续搅拌[47,48]、低速连续搅拌优于高速连续搅拌[49]。通过间歇性搅拌，能耗降低 29% 条件下厌氧产气效率未见下降[42]。而且，随着流体黏度和剪切稀化敏感性的提高，节能潜力也随之提高，混合时间可减少 10 倍[49]。大螺旋桨直径的慢速倾斜搅拌器，能与直径较小、快速旋转叶轮的潜水推进器的混合效果相当，且节能潜力可提高 70%[50]。过高混合强度可能是因为破坏了微生物絮体间的有效连结[48,51]（如种间电子传递）、阻碍了产甲烷菌空间区域的扩展[52]、促进了水解酸化[48]，从而加剧有机酸的积累，且更容易出现起泡问题。因此，反应器内物料存在剪切速率阈值，低于该值时，混合强度的增加有利于产气；超过该值后，越提高混合强度越不利于产气。通常认为，厌氧消化反应器内物料的剪切速率阈值为 $50\sim80\ s^{-1}$，但近期的研究表明，该阈值仅为 $6\sim8\ s^{-1}$[53]。

单段式 CSTR 反应器较为常见，因为应用单段式 CSTR 反应器可降低建造成本和运行要求（图 4-2（a））。但两段式 CSTR 也有不少应用（图 4-2（b）），以期实现水解酸化和甲烷化两阶段微生物的有效分离和工艺参数的分别优化。此外，水解酸化罐可以起到缓冲作用，减缓进料种类和进料量不稳定等的冲击影响，因此更适用于村镇多源易腐垃圾的场景。图 4-2（c）所示的固液两相分离的结构形式也有不少应用，水解酸化罐采用 CSTR 以适应较高含固率的物料，经水解酸化后悬浮物有所液化，物料含固率进一步降低；其液相出水则采用高效甲烷反应器，如上流式厌氧污泥床反应器（up-flow anaerobic sludge blanket，UASB）、固定膜生物反应器、复合式厌氧流化床（up-flow blanket filter，UBF）等较适合低含固率废水（含固率＜3%wt）的形式。

水解酸化罐和甲烷化罐还可以采用同心圆设置（图 4-2（d））；外圈水解酸化的生物反应对于外界温度变化较不敏感，可以不进行加热。水解酸化罐相当于是内圈甲烷化罐的保温层，可以降低物料和反应器加热保温的能耗。水解酸化罐也可以改造为发酵池或储存池（图 4-2（e）），甚至是图 4 2（f）的三环结构，该结构紧凑，可减少占地。

4.2.2　气体引流式生物床反应器

UASB、固定膜生物反应器等高效厌氧反应器的物料停留时间仅需 3～5 d，但只适用于含固率低于 2%wt～4%wt 的物料和高浓度废水。而由于粪便、食品加工废物、餐厨垃圾、家庭厨余垃圾等物料的原状含固率较高，因此通常仅能采用 CSTR 形式，停留时间长、反应器体积大、混合能耗较高。若直接采用 UASB 等形式，则工艺前端需进行原料固液分离预处理。这些高效厌氧反应器仅用于处理液体部分，因此会损失大量的纤维类有机物，并且固体部分需另外堆肥化处理。2002 年犹他州立大学的 Conly Hansen 教授申请了气体引流式生物床反应器（induced blanket digester，IBD）的专利，该反应器能处理含固率 6%wt～12%wt 的物料，停留时间仅 3～5 d，很快在美国和加拿大获得推广应用。如图 4-3 所示，该反应器类似于 UASB，但液体上流速度极低，因此生物床层不是悬浮状态，而是下沉至中下部，在中上段形成逐渐澄清的液体层。有机物进料从下往上流动时逐渐被降解。反应器内的混合作用可能是源于热流通过反应器引起的热梯度能量输入，以及生物床中沼气气泡释放引起的剪切[54]。与

CSTR 相比，其运行能耗可显著降低，停留时间短，但运行相对复杂。

4.2.3 机械搅拌辅助的柱塞流反应器

如图 4-4 所示，通过增加缓慢搅拌的长轴搅拌桨，卧式柱塞流反应器可实现干式厌氧消化，从而可处理含固率 20％wt～40％wt

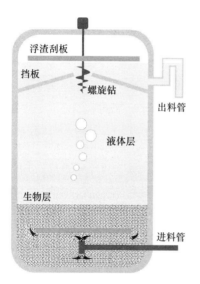

的废物。该反应器无需稀释，沼液产量少，在没有土地利用条件的城市地区有优势。合理布置附属破碎、固液分离、沼气净化和利用等设备的空间位置，可实现全套设备的集装箱化排布，无需土建，有利于快速安装和移动。需要注意的是，物料含固率较低时反而不适合采用卧式构造，因为随着物料的厌氧降解，其含固率在反应过程中会进一步降低，出口端的含固率仅为进口端的一半，因此容易产生分层和短流问题。这类物料可采用立式的柱塞流反应器，还能减少占地。

图 4-3　气体引流式生物床反应器（IBD）示意图[26]

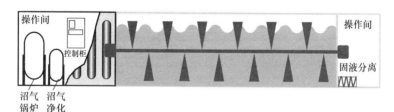

图 4-4　机械搅拌辅助的柱塞流反应器布置示意图[26]

4.2.4　车库型批式反应器

如图 4-5 所示，该类型反应器适合于处理高含固率物料（>15%wt）和杂质含量较高的物料，如生活垃圾。属于批式操作的干式厌氧消化，垃圾无需破碎预处理。还可以通过混合沼渣进料以及水解液和沼液淋滤，来快速启动批式厌氧反应和提高产气率。单个反应器容积 30～400 m³，每个批式周期 25～35 d[55,56]。反应器数量可以根据处理垃圾量灵活调整。反应器分为固定式和车载移动式，在欧洲尤其是德国应用较多。

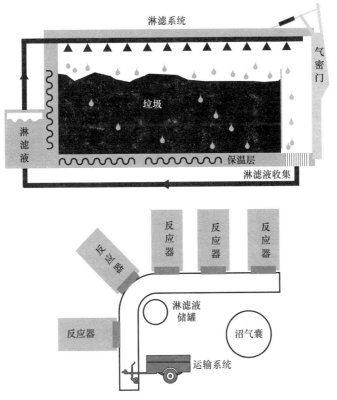

图 4-5　车库型批式反应器以及布置示意图[26]

4.3　关键的工艺参数有哪些

4.3.1　杂物含量

易腐垃圾中的杂物含量较高时就需增加预处理措施。例如不进行必要的预处理，某些杂物容易缠绕搅拌桨或堵塞进料口、出料口。因此，必须做好垃圾分类，最好有监督人员人工监选杂物。

4.3.2　停留时间

停留时间一般为 15～30 d。消化残余物或沼液储存池一定程度上可进一步延长停留时间，有利于有机物稳定。

4.3.3　温度

小型厌氧消化反应器采用中温范围（30～43 ℃）更为常见，因为若采用高温范围（50～65 ℃）运行，物料升温和反应器保温的能量消耗大幅增加[57]，而且高温消化时的产气速率和最大甲烷产率均略低于中温时的产气速率[29,57]。但高温消化的优势是可以同步灭活消化残余物的有害病菌，从而降低沼渣堆肥和沼液进一步稳定的需求。

4.3.4　油脂

已建设施的运行情况均表明原料中的油脂对厌氧运行效果影响极大，会显著降低产甲烷菌活力，产生起泡问题[58,59]。大型厌氧消化厂一般采用加热和三相分离离心机来提取毛油，作为生物柴油原料[11]，但对于小型规模设施，显然应避免此部分的预处理成本。因此，若进料中餐厨垃圾的比重较大，则建议应滤油处理后再进料。

4.4 村镇易腐垃圾厌氧消化设施的建设和运行应执行哪些规范

村镇易腐垃圾厌氧消化设施的建设和运行，应根据垃圾处理规模，以及当地多源固废的来源、产生规律、垃圾特性等，按照国家现行标准《大中型沼气工程技术规范》GB/T 51063、《村级沼气集中供气站技术规范》NY/T 3438（包括：第 1 部分：设计；第 2 部分：施工与验收；第 3 部分：运行管理）、《沼气工程技术规范》NY/T 1220（包括：第 1 部分：工程设计；第 2 部分：输配系统设计；第 3 部分：施工及验收；第 4 部分：运行管理；第 5 部分：质量评价）等有关规定执行。还可参照团体标准，例如江苏省农学会颁布的团体标准《沼气工程安全生产规程》T/JAASS 57-2022 等。

根据现行行业标准《沼气工程技术规范 第 3 部分：施工及验收》NY/T 1220.3 的规定，村镇易腐垃圾厌氧消化设施的建设要点概括如下：

（1）设计施工和监理单位应具备相应资质，人员应具备相应资格，严格执行监理制度。施工单位应建立健全施工技术、质量安全生产等管理体系，制定各项施工管理规定，并贯彻执行。

（2）施工单位必须取得安全生产许可证，并应遵守有关施工安全、劳动保护、防火防毒的法律法规，建立健全安全管理体系和安全生产责任制，确保施工安全。

（3）施工单位应严格按设计图纸要求进行施工，不得擅自修改。实际图纸和文件有差错或疑问时，应及时提出意见和建议，且应按原设计单位修改变更后的设计施工。

（4）施工单位必须遵守国家和地方政府有关环境保护的法律

法规，采取有效措施控制施工现场的各种粉尘、废弃物以及噪声、振动等对环境造成的污染和危害。

（5）工程施工和系统调试完成后，须通过竣工验收合格后方可投入连续使用。

根据现行行业标准《沼气工程技术规范 第 4 部分：运行管理》NY/T 1220.4 的规定，村镇有机垃圾厌氧消化设施的运行要点概括如下：

（1）运行管理人员必须熟悉、掌握设施处理工艺和设施、设备的运行要求与技术指标。

（2）操作人员应掌握沼气站工艺流程，并熟悉本岗位设施、设备的运行要求和技术指标。

（3）操作人员、维修人员应经过技术培训，并经考核合格后方可上岗。

（4）管理房及设施、设备附近的明显部位，应张贴必要的工艺流程图表、安全注意事项和操作规程等。

（5）各岗位的操作人员，应按相关操作规程的要求，按时准确地填写运行记录。运行管理人员应定期检查原始记录。

（6）沼气站应建立健全安全管理机构，建立健全安全生产责任制、岗位安全操作规程、事故应急预案，并定期进行演练；应加强安全教育和培训以及现场安全管理，并应做好风险分级管控及隐患排查治理。

4.5　县域应用中小型厌氧消化设施的技术模式

基于小型厌氧消化设施构建的社区，可以形成改土保肥和低碳用能的生态系统。最理想的情况是沼液和沼渣均能实现土地利用、沼气热电联供。但实际应用时，存在经济和土地利用时空条件等各方面的限制，因此，沼气、沼液和沼渣的利用消纳去向应因地制宜地调整。例如，与县域已建垃圾焚烧厂协同，不另设沼气热电联供发电机，而是将沼气和收集的臭气喷入焚烧炉，沼液利用已有污水处理厂处理，从而节省沼气发电设备成本和二次污染控制成本以及人员费用。但是需注意的是，沼气热电联供能量效率远高于垃圾焚烧厂，后者发电效率仅 22%～25%，而且相比欧盟焚烧厂的能效水平[60]，我国垃圾焚烧厂目前整体能效水平偏低[61]，因此，此沼气利用方案不利于能源利用，会相应有所降低减碳量[62]。至于沼渣，在缺少堆肥和贮存空间的情况下，余热利用需求较低，可考虑用余热进行沼渣干化。干化沼渣可以外运作为有机肥生产的原料。

4.6　应用案例

4.6.1　应用机械搅拌辅助的柱塞流反应器的案例 1

在科技部"绿色宜居村镇技术创新"重点专项"村镇生活垃圾高值化利用与二次污染控制技术装备"项目的支持下，针对华北平原某县垃圾分类后的村镇有机垃圾性质，开发了"物料提升输送＋破碎＋干式厌氧＋沼气利用（锅炉）"干式厌氧工艺及设备（图 4-6），反应器体积 20 m³，反应温度 37 ℃。结果表明，以牛粪为种泥，以厨余垃圾为进料，进料垃圾含固率 12%wt～21%wt，10 d 内甲烷含量可达 60%（v/v）；逐步提升负荷至 6 kgVS/(m³·d)，吨厨余垃圾可产沼气 60～80 m³/t（垃圾）。采用沼气锅炉获得热水用于反应器保温。固液分离后，沼液、沼渣用于周边蔬菜种植。设备的运行通过物联网直接手机监控。表 4-1 表明，与传统沼气池长达数月的稳定周期相比，机械化设备在较短的停留时间内（20 d）即获得了较稳定的消化液，其有机酸含量低、腐殖酸含量高，说明垃圾中有机物降解和甲烷转化充分。

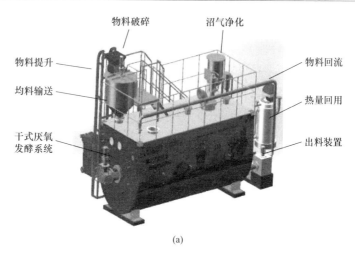

物料破碎　　　沼气净化

物料提升

均料输送

干式厌氧
发酵系统

物料回流

热量回用

出料装置

(a)

(b)

图 4-6　某县村镇有机垃圾干式厌氧消化系统工艺及设备实景图

机械化设备消化液与沼气池消化液的性质对比　　表 4-1

	挥发性脂肪酸（mg/L）	酸碱度	腐殖酸（g/L）
机械化设备的消化液出料（20 d 停留时间，脱水前）	486	8.08	3.66
机械化设备的消化液出料（20 d 停留时间，脱水后）	357	7.86	2.55

续表

	挥发性脂肪酸 （mg/L）	酸碱度	腐殖酸 （g/L）
当地传统沼气池出料 （已经停留 3～5 个月）	15900	6.00	0.90
《农用沼液》GB/T 40750—2021 浓缩沼液肥料要求	—	5.5～8.5	≥3

4.6.2　应用机械搅拌辅助的柱塞流反应器的案例 2

案例 2 为应用机械搅拌辅助的柱塞流反应器处理某大型超市的过期食品等易腐垃圾，处理量为 1.5 t/d。反应器和其他附属设备（破碎、分选、固液分离、沼气净化、锅炉或微型 CHP）一体化设置在 13.7 m×2.5 m×2.5 m 的空间里，反应器温度为 36～38 ℃，进料垃圾含固率为 28%wt，出料消化残余物含固率降至 4%wt，经固液分离后，沼渣含固率约 14%wt，沼液悬浮物浓度为 20000～40000 mg/L，甲烷产量为 120 m³/t（垃圾），产生的能量热损失 19%～23%，用于反应器加热能量约占 10%，其他能源用于产 60 ℃热水或 CHP 发电，直接用于该超市日常用能。设备的运行均通过物联网可直接由手机监控。成套设备处理量为 0.5～30 t/d。处理量 20 t/d 的设备投资约 50 万元/t，设备运行成本约 140 元/t（不含折旧）①。

同样的工艺设备（1 t/d 干式厌氧发酵设备）也应用在了某企业员工食堂（图 4-7）和某科技园区（图 4-8）易腐垃圾的处理。企业食堂每日产生的餐厨垃圾约 700 kg。这些餐厨垃圾通过双轴粉碎机粉碎后进入小型厌氧发酵设备，粉碎后的餐厨垃圾进入干式厌氧发酵罐，进行为期 20～30 d 的中温厌氧发酵，发酵过程中产生的再生能源——沼气可直接通过沼气管道与后厨使用的天然

---

① 信息由上海倍奇新能源科技有限公司提供。

气混合后使用。在企业食堂不营业的周六、周日,设备产生的沼气则通过沼气锅炉用以生产热水,热水存储于热水罐中以供厨房营业时间使用。通过这个餐厨垃圾就地资源化项目,该企业实现了易腐垃圾的绿色闭环,产生的再生能源可替代食堂目前燃气使用量的 22%,内部经济收益率达到 12%。科技园区的案例中餐饮产生的垃圾通过双轴粉碎机进入干式厌氧发酵设备进行厌氧发酵,发酵过程中产生的再生能源——沼气通过沼气发电机进行发电,产生的电能进行设备能源自供。设备除上料需环卫工外无需专人

图 4-7 某企业员工食堂集装箱式干式厌氧发酵设备

图 4-8 某科技园区集装箱式干式厌氧发酵设备

值守，物联网大数据平台实现 24 h 实时设备智能监控操作、电能及手机 APP 端远程报警推送、绩效数据采集等各项功能。

4.6.3　应用全混合连续搅拌反应器的案例 1 [63]

该案例处理对象为西班牙某烹饪职业学校食堂产生的餐厨垃圾。垃圾经手动去除大尺寸杂物后由研磨机破碎进入厌氧反应罐，每天进料约 33 kg，用 50 L 垃圾桶装。配置的微型 CHP 规格为装机功率 1 kW 电、2.8 kW 热，总体能量效率 85.5%，其中电效率 22.5%，热效率 63.0%。

餐厨垃圾性质：$TS=27.5\%wt$，$VS=84\%dw$，C/N（质量比）= 18.7，$pH=5.70$。消化残余物 $TS=(3.11\pm0.62)\%wt$，$VS=49\%dw$。

反应器运行有机负荷 $OLR=1.06 gVS/L \cdot d$，停留时间为 55.3 d，消化残余物回流约 17.8%。甲烷产率等于 360 mL-CH_4/g-VS_{added}，VS 去除率等于 93.1%。

系统能量平衡情况为：沼气产能 12864 kJ/kgVS，外部能量输入 3061 kJ/kgVS，能量输出包括：反应器热损失 1131 kJ/kgVS，反应器加热 3065 kJ/kgVS，CHP 热损失 1866 kJ/kgVS，净产热 5039 kJ/kgVS，净产电 2894 kJ/kgVS。

有机负荷 $OLR=1.06 gVS/L \cdot d$ 时的电能综合表现系数 COPel（全厂电能产生与电能消耗之比）为 0.95、热能综合表现系数 COPth（全厂热能产生与热能消耗之比）为 2.64；上述 CHP 若调整电效率至 25%，热效率调整至 50%，则 COPel=1.05，COPth=2.09；若 OLR 增至 2.7 gVS/L · d，则 COPel=1.68，COPth=3.37①。

4.6.4　应用全混合连续搅拌反应器的案例 2 [64]

该案例处理对象为新加坡某综合型大学校区食堂的餐厨垃圾，

---

①　COPel 和 COPth 小于 1 说明产生的电和热不足以满足厂自身能量消耗需求，等于 1 说明刚刚达到供需平衡，大于 1 则说明产生的能量除自身利用需求外还可外供输出。

每天进料 30 kg，物料破碎至 3 mm 以下。厌氧反应器容积 1 m³，反应温度为 35 ℃，环境温度 29～30 ℃，有机负荷 5.4 gVS/L 时甲烷产量 0.55 LCH₄/gVS。若处理量模拟放大至 500 kg/d（垃圾），则净热能和电能输出预测为 175.93 kWh 和 163.90 kWh。

4.6.5　应用全混合连续搅拌反应器的案例 3 [18]

该案例位于北欧某农场。该农场养殖了 70 头奶牛、50 头小母牛和 100 只母鸡。设施处理量 4～5 m³/d，厌氧反应器容积为 125 m³，高为 2.5 m，直径为 8 m，停留时间为 18～25 d。沼气发电机装机 9.7 kWe，设施自用 0.85 kW。建造和安装周期 3 周，启动周期 2 周。年均发电量 64000 kWh，余热热水储存 500 L/d。每日检查运行维护 20 min，每 400 h 更换发电机的油和过滤器。产气运行情况和泵等机械故障均可手机监控。消化残余物进行储存，施用前无需再处理。

建设费用：工程直接投资 95000 欧元（含 CHP，交钥匙工程）；其他费用 5000～10000 欧元（资格证等）。运行费用：3500 欧元/年。收入：电力替代，7500～11000 欧元/年；替代热，未统计；绿色电力证书收益①，约 67 个指标×93 欧元＝6231 欧元/年；绿色热证书收益，约 160 个指标×31 欧元＝5000 欧元/年。

4.6.6　应用全混合连续搅拌反应器的案例 4 [18, 65]

该案例位于北欧某蔬菜种植基地。该案例需处理 120 hm² 的菊苣种植废物（11 t/d，含固率 15％wt）以及青贮玉米（约菊苣根产量的 10％）。反应器设置分三部分：CSTR 水解酸化罐（容积 400 m³，停留时间 10 d；pH≈6；最高进料量 30 t/d）、蜂窝填料床

---

　① 绿色证书，即可再生能源证书，又称为绿色标签、可交易再生能源证书或欧洲的绿色证书。它是一种可以在欧洲市场上自由交易的可再生能源指标商品。专门的认证机构给可再生能源产生的每 1000 千瓦小时电力或热颁发一个专有的证明指标。

甲烷化罐（容积 2×25 m^3，停留时间 18 h；pH $\approx$ 7；温度 38 ℃；最高有机负荷 35 kg COD m^3/d；产气量占总产气量的 75%）、后消化罐（容积 400 m^3，停留时间 20 d）。甲烷产量：38 m^3/t（垃圾）（相当于沼气产量：70.4 m^3/t（垃圾），甲烷含量 54%（v/v））。CHP 配置：100 kWel，150 kWth。每年产电量 500 MWhel，其中 145 MWhel（29%）用于消化设施自用，355 MWhel（71%）主要用于菊苣种植生产过程（每公顷耗电 10000 kWhel），剩余电量并入电网。每年产热量 760 MWhth，其中 205 MWhth（27%）用于维持消化罐温度，281 MWhth（37%）用于菊苣种植生产，82 MWhth（24%）售卖给临近的印刷厂（1 km 距离），还剩余 84 MWhth（11%）。物料进罐前先清洗（去除石块）和破碎（XRipper 研磨泵）。消化残余物固液分离后，沼渣用于农场的土壤改良，沼液经澄清后排入市政管网[65]，也可直接施用于农场作为肥料。人工：<1 h/d（进料）。建设成本：工程投资 90 万欧元（含 CHP，交钥匙工程，含 1 km 热水管线运至印刷厂的费用）；运行费用：30000 欧元/年（由运营公司专门负责维护）。收入：电力替代，45500 欧元/年；替代热，20000 欧元/年；绿色证书①（含电和热），64000 欧元/年；卖给印刷厂热，5200 欧元/年。

4.6.7　应用全混合连续搅拌反应器的案例 5 [20]

该案例位于希腊北部某农场，处理对象为牛粪（8.23 tVS/d，129 m^3/d）、鸡粪（3.274 tVS/d）和青贮饲料（10 t/d）。三种物料混合后进容积为 5400 m^3 的 CSTR 厌氧反应器；该反应器的罐体容积为 4200 m^3，上覆双膜沼气膜空间的体积为 650 m^3，反应器内设 4 个潜水推进器，反应温度 39 ℃，顶部设 10 cm 填料以支持硫酸氧化菌生长从而去除硫化氢。沼气产气率为 0.46 m^3/kgVS，

---

　①　绿色证书通过能源市场自由化方式，给予可再生能源生产商强制上网和额外补贴。1 兆瓦绿电等值于 1 个绿色证书指标。

沼气产量 5300 m^3/d。消化残余物产量为 4.832 tVS/d（130 m^3/d），经固液分离后，形成沼液 3.194 tVS/d，沼渣 1.638 tVS/d。沼渣采用条垛式堆肥，堆制时间 60 d，占地 600 m^2，处理量为 10 m^3/d，形成 1.370 tVS/d 堆肥。沼液储存池容积 18000 m^3，停留时间长达 160 d，池内稳定后产量为 3108 kgVS/d，典型的稳定沼液的 pH＝7.49、电导率＝21.75 mS/cm、TS＝41.7 g/L、VS＝25.9 g/L、NH_3-N＝1691 mg/L。沼渣堆肥和稳定沼液均回用至农场（4 km 半径）。面积为 1000 m^2 的玉米田在种植期灌溉 75 m^3 沼液，玉米产量是 6500 kg，而之前采用商业肥料、施肥量为 70 kg/1000 m^2 的玉米产量仅 5900 kg。CHP 配置：550 kWel，电能供给公共电网，热能则用于 CSTR 反应器加热。沼气脱硫罐内和罐外同时进行：罐内一是向 CSTR 添加 32 kg/d Fe（OH）$_3$ 或 26.5 kg/d $FeCl_2$，二是引入低剂量空气；罐外则是采用活性炭吸附。

4.6.8　应用车库型批式反应器的案例 1 [55]

　　该案例位于中国黑龙江省某县，两条处理线用于处理混合收集的生活垃圾。生活垃圾进罐前破袋、筛分、人工分拣预处理。每条处理线处理能力 50 t/d，设置 6 个容积为 400m^3 的车库批式反应器（24 m×4 m×4.2 m）和 1 个容积为 600 m^3 的淋滤液储罐（24 m×4 m×6.2 m）。反应器温度为 37 ℃，停留时间 35 d。进料垃圾含固率 36.7％wt～48.8％wt，挥发性固体（VS）43.1％dw～60.9％dw，出料垃圾的含固率 48.7％wt～56.7％wt，VS 29.4％dw～46.2％dw，甲烷产量 270 m^3/tVS，每个反应器单位体积每天的沼气产量平均 0.72 m^3/(m^3·d)，淋滤液储罐产气 2.22 m^3/(m^3·d)。

4.6.9　应用车库型批式反应器的案例 2 [18]

　　该案例位于法国某带乡间别墅旅馆的马场，该马场约有 150 匹成年马、50 匹马驹和 80 个旅馆床位。垃圾平均处理量 4.1 t/d

（包括 1.78 t/d 垃圾、2.33 t/d 农牧废弃物），但这些垃圾产生季节性波动量很大。反应器为中温干式批式厌氧消化，共 6 个，每个反应器容积 30 m³，气密、带排气孔、热交换、淋滤液回流（液体回流量 250 L/h），每批停留 25～30 d。CHP 配置：50 kWel。年均净发电量 253000 kWel，产热 425000 kWth；这些产热 47% 用于别墅建筑保暖，15% 用于带马棚的住房建筑保暖，38% 用于农业用干燥（干燥机的装机功率 9 kW，用于干草、小麦和其他农产品干燥）。消化残余物直接用在边上的草场和农田。工程投资：反应器系统，38.3 万欧元（10 个反应器）；CHP（2×25 kW）和沼气储存，12.3 万欧元；热水管网铺设，11 万欧元；其他费用（混凝土地面、仪器仪表、技术支持），6.8 万欧元。运行费用：未知。收入：绿点替代和相关补贴，4.55 万欧元/年；替代热，约 1.9 万欧元/年；加热油，约 3 万欧元/年。

4.6.10　应用车库型批式反应器的案例 3 [66]

该案例位于美国南旧金山市，处理对象为食品垃圾和园林废物，处理量为 31 t/d，有 8 个反应器，停留时间 21 d，反应温度 51～55 ℃，沼气产量 90 m³/t（废物），沼气甲烷含量 58%～62%（v/v）。沼气提纯为压缩天然气，120000 DGE[①]/年，可每天为 18～20 辆卡车供应燃料。沼渣采用仓式堆肥处理。

---

① DGE：柴油加仑当量。

第 5 章　消化残余物的资源化利用

5.1　消化残余物资源化利用方法概述

5.1.1　消化残余物土地利用的益处

如图 5-1 所示，消化残余物最常用的利用方式是土地利用，可以通过园林绿化、景观养护、土壤修复和农业利用，实现"减肥—减药—减碳"的综合效益。

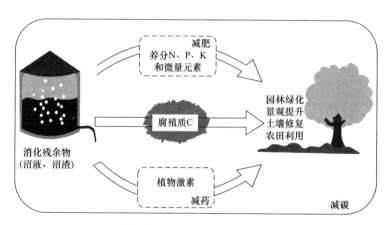

图 5-1　消化残余物资源化利用的生态综合效益

1. 减肥

消化残余物含有大量植物易于吸收的氮、磷、钾以及其他的宏量和微量营养元素，是化肥的良好替代品，作为有机肥，它可以降低肥料购买成本，实现生态系统氮、磷营养的良性循环。而且，消化残余物中还含有丰富的腐殖质，可以改善土壤的特性。

首先，腐殖质具有适度的粘结性，能够使黏土疏松、黏土粘结，是形成团粒结构的良好胶结剂。其次，腐殖质可以根据土壤养分浓度缓慢释放补充养分，对肥力有积极作用。故而，表土中的腐殖质越多，表土的营养就越丰富，植物生长的条件就越好。因此，消化残余物可以作为土壤改良剂，也称为土壤调理剂。

2. 减药

消化残余物中已鉴定出了丰富的植物激素类化合物[22,67]，包括吲哚-3-丙酮酸、粪臭素、L-色氨酸、吲哚-3-乙酸、脱落酸、水杨酸、赤霉素等。植物激素又称植物荷尔蒙，作为植物生长调节剂，微量浓度下即可对植物产生某种生理作用，可应用在刺激插枝植物生根、提高存活率、协助嫁接、促进人工单性结果、防止落叶落果、延长花卉蔬果的保存期限，以及作为植物组织培养的成分。例如：可抑制马铃薯在储藏时期发芽；可使葡萄节间变长而让果粒有较宽的空间生长，进而使果实长得比较大；可使果粒间排列疏松通风良好，减少病虫害传染的发生；可使幼苗暂时休眠，运送时比较不会受到伤害；可作为双子叶除草剂，等等。因此，施用消化残余物可以减少农药的使用。

3. 减碳

消化残余物回到土地，通过土壤固碳、替代化肥，保护有限的自然矿物资源，从而实现减少碳排放量。在国外，经脱水干化后的消化残余物也经常被作为泥炭土使用，泥炭土是煤化程度最低的煤，可用作低性能燃料，或者用作各种农作物的肥料，因此消化残余物也可以通过替代泥炭方式实现减少碳排放量。经测算，每施用 1 m^3 氮含量为 1500 mg/L 沼液①的碳净排放量为 -10.65 kg CO_2 eq；其中，减少了工业化肥生产所产生的 28.41 kg 二氧化碳排放当量。而且如果沼液的氮含量在此基础上进一步增加到

---

①　该测算中沼液的性质取值为：TOC＝3000 mg/L，N＝1500 mg/L，K＝1500 mg/L，P＝500 mg/L。

3000 mg/L 的话，则碳净排放量为－17.54 kg CO_2 eq/m^3（沼液）。

消化残余物经固液分离后形成含固率较低的沼液和含固率较高的沼渣。因此土地利用时，沼液可用作浸种、根际追肥、叶面喷施肥、无土栽培营养液、农作物浸种和病虫害防治；沼渣可用作作物的基肥、有机复合肥的原料、配制营养土或栽培基质。

沼液、沼渣的土地利用施用量应按土地生产需要，以地定产、以产定肥，以免多余的营养物质会因雨水地表径流冲刷至水体，造成二次环境问题。

5.1.2 消化残余物的其他资源化利用和处理方式

沼液富含氮，因此可以通过汽提脱氨回收氨气，形成碳酸铵、硝酸铵等氮肥产品，或者形成鸟粪石回收氮[68]。沼液还可以光培养藻类，提取藻类油脂、蛋白质、染料等成分，也可以暗培养酵母、细菌等微生物，合成单细胞蛋白饲料。沼液中的磷也能进行回收[69]。（图 5-2）

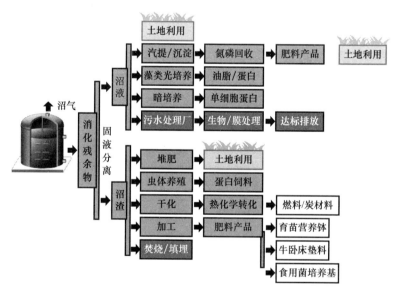

图 5-2　消化残余物的不同处理利用方式[21]

沼渣可以用于养殖蝇蛆、黑水虻、蚯蚓，形成蛋白饲料。但是沼渣木质纤维素含量较高，与原生的易腐垃圾直接养虫相比，虫体得率和基质减量率稍低一些（图 5-3）。餐厨垃圾中添加 25％的沼渣，幼虫得率为 13.9％，垃圾减量化水平为 50.9％～57.8％，略低于未添加沼渣的处理组（62.8％～65.9％）。但是，提高了虫粪沙的生物稳定性和腐熟度，虫粪沙的发芽指数为 82％，微生物呼吸活性为 30 mgO$_2$/gTS[70]。沼渣还可以干化后，进一步热解气化为燃料，或者热解炭化，烧成生物炭[71,72]，用于土壤改良。沼渣还可以加工成可生物降解的育苗营养钵[23]、牛卧床垫料[24]、食用菌培养基。

但是在城市地区，厌氧消化处理厂规模大，每天处理量往往上百吨甚至上千吨，沼渣、沼液产量高，往往周边没有足够的配

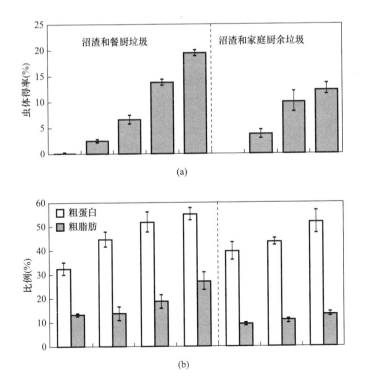

(a)

(b)

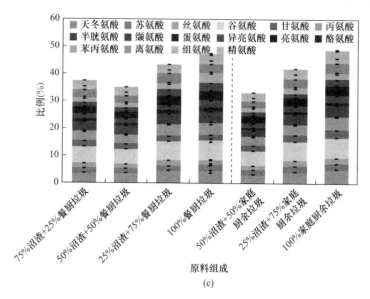

图 5-3　易腐垃圾沼渣混合原料养殖蝇蛆的虫体得率（a）、
幼虫粗蛋白质（b）、脂肪和氨基酸含量（c）[70]

套土地对消化残余物进行储存和消纳，而且高含水率也导致运输
成本较高，较难实现远距离运输和施用。因此，城市大型厌氧消
化工程的消化残余物固液分离后，沼液往往只能作为污水进行处
理，处理达标后排放；沼渣则运至焚烧厂或填埋场处置。沼液的
化学需氧量（COD）和氮含量高，沼渣含水率高，导致污水处理
厂和垃圾焚烧厂的处理压力和成本均非常高，且营养物未实现资
源化。

5.1.3　消化残余物土地利用前要做哪些工作

如图 5-4 所示，消化残余物土地利用前需要进行储存、固液分
离和稳定化处理。

消化残余物需要储存一段时间后再进行土地利用。有如下几
方面的考虑：

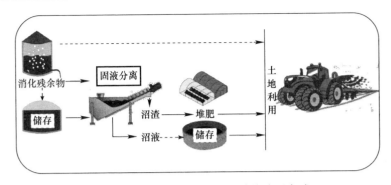

图 5-4　消化残余物土地利用前的处理方式

（1）进一步稳定有机物

避免残存的易生物降解有机物对植物和土壤产生不利的影响。

（2）脱气

消化残余物中还有残存的沼气气泡，也还可能进一步降解产气。因此通过储存使气体慢慢脱除，避免沼气累积可能造成的安全风险和温室气体无组织逸散风险。

（3）平衡消化残余物产生和利用之间存在时空不对称的问题

消化残余物每天产生，但土地利用往往有时间和空间上的限制，因此需要根据施用频率，确定储存期限。一般不得低于当地植物生产用肥的最大间隔期和冬季封冻期或雨季最长降雨期。

消化残余物的固含物①一般在 4%wt～10%wt 范围。固含物较低（TS＜5%wt）的消化残余物可以全量土地利用。固含物较高（TS≥5%wt）的往往需要进行固液分离。沼液用于滴灌和叶面喷施肥时，为了防止管道、喷口堵塞和叶面沾污，也需要进行固液分离。

消化残余物可以储存后再固液分离，也可以固液分离后，沼液单独储存。后一种操作可以加速有机物稳定、脱气，缩短储存

———————

①　固含物：与"含固率"的定义是一致的。液态物料常用"固含物"，固态物料常用"含固率"。

时间和缩减储存池池容。

消化残余物和沼液在储存时同步实现稳定化处理。

沼渣含固率一般在 23%wt～28%wt。沼渣需要存在固定储存场所，储存场所应有防止液体渗漏、溢流、防雨措施。常温和中温厌氧消化产生的沼渣需要采用堆肥处理进一步稳定化和无害化。高温厌氧消化产生的沼渣可以不用堆肥处理。

5.2 消化残余物的性质

5.2.1 消化残余物需要关注哪些指标

消化残余物的指标可分为三方面：能让植物长得更好、土壤更健康的指标，如有机物和养分含量、有机物类型指标；对环境和生态不会造成不利影响的指标，如土壤和植物兼容性基本理化指标、生物稳定性指标、卫生无害化指标、有害化学成分指标；产品性能的指标，如表观性状指标、其他指标。

1. 表观性状指标

（1）沼液和消化残余物：固含物含量（TS，影响滴灌、叶面喷施肥），臭气排放浓度（感观）。

（2）沼渣：含水率（含固率 TS）、杂物含量（塑料、金属、玻璃、石块等杂物，影响感观），粒径（感观）。

2. 土壤和植物兼容性基本理化指标

（1）沼液和消化残余物：pH、电导率、种子发芽率。

（2）沼渣：pH、电导率、种子发芽率。

3. 生物稳定性指标

（1）沼液和消化残余物：残存产沼气潜力（residual biogas potential，RBP）。

（2）沼渣：残存产沼气潜力（RBP）、好氧呼吸量（respiration activity，RA）。

4. 有机物和养分含量、有机物类型指标

（1）沼液和消化残余物：N、P、K，总养分（以氮＋五氧化二磷＋氧化钾计），腐殖质。

（2）沼渣：有机质，N、P、K，总养分（以氮＋五氧化二磷＋氧化钾计），腐殖质。

5. 卫生无害化指标

（1）沼液和消化残余物：粪大肠菌、蛔虫卵、沙门氏菌、杂草种子。

（2）沼渣：粪大肠菌、蛔虫卵、沙门氏菌、杂草种子。

6. 有害化学成分指标

（1）沼液和消化残余物：重金属、可溶性钠。

（2）沼渣：重金属、可溶性钠。

7. 其他指标

沼渣：与蓬松程度有关的指标（孔隙度、干密度、湿密度）。

5.2.2　沼液、沼渣的性质参数和数值范围

固液分离后沼液与沼渣的性质很大程度上取决于原料的性质、工艺原理、消化状态和分离性能。通常情况下，沼渣的干物质含量约为 20%wt～30%wt，沼液的约为 1%wt～6%wt，大部分的有机氮、磷和纤维被分离到沼渣中，而大部分的氨氮和钾存在于沼液当中。固液分离可以将大部分磷分离到沼渣中，因此沼渣可以作为磷肥施用，沼液作为氮肥和钾肥施用。氮肥可促进枝叶生长、提高植物对营养的吸收，磷肥能促进开花结果，钾肥能促进根茎的生长发育，提高植物对温度变化的适应能力，增强抗病虫害的能力，因此可以根据需求和施用条件，分别施用沼液或沼渣，或二者按比例混合，或消化残余物，或复合一定量化肥。

来自高纤维原料（如牛粪和青贮）的沼渣总氨氮含量为 1.4～2.2 g/kg（湿基）、总磷为 2.8～3.4 g/kg（湿基）、总钾为 2.2～

3.9 g/kg（湿基），在沼液中的含量分别约为 2.1～3.5 g/kg（湿基），0.5～1.0 g/kg（湿基），2.8～4.9 g/kg（湿基）；来自低纤维原料（包括厨余垃圾、猪粪、污水污泥）的沼渣中，总氨氮、总磷和总钾的含量分别约为 1.3～2.9 g/kg（湿基）、5.5～6.6 g/kg（湿基）、0.5～1.7 g/kg（湿基），在沼液中的含量分别约为 3.0～3.6 g/kg（湿基）、0.3～0.6 g/kg（湿基）、1.5～3.3 g/kg（湿基）[73]。

5.2.3 我国消化残余物质量控制的标准

沼液、沼渣的性质受发酵原料和发酵工艺等影响差别很大。而利用途径不同对沼液、沼渣的性质要求也不同，所以应根据不同应用场景特性，按照现行国家和行业有关标准的要求，指导和规范沼液、沼渣的安全有效利用。

沼液方面，现行国家标准《农用沼液》GB/T 40750 规定了以畜禽粪污、农作物秸秆等农业废弃物为主要原料，通过沼气工程充分厌氧发酵产生，经无害化和稳定化处理，以有机液肥、水肥和灌溉水等方式用于农田生产的液态发酵残余物的产品质量控制指标和指标限值要求（表 5-1）。产品分为浓缩沼液肥料和非浓缩沼液肥料。浓缩沼液肥料使用时应稀释至非浓缩沼液肥料，按非浓缩沼液肥料的分类施用；非浓缩沼液肥料按使用功能分为三类：Ⅰ类主要适用于粮油、蔬菜等食用类草本作物；Ⅱ类主要适用于果树、茶树等食用类木本作物；Ⅲ类主要适用于棉麻、园林绿化等非食用类作物。作为对照，表 5-1 也提供了现行国家标准《农田灌溉水质标准》GB 5084 的相关控制指标和限值。其他应执行的标准包括：《含有机质叶面肥料》GB/T 17419、《微量元素叶面肥料》GB/T 17420、《有机无机复混肥料》GB/T 18877，此外，还应按照《沼肥施用技术规范》NY/T 2065 施用。

沼液的产品质量控制相关标准 表 5-1

序号	项目	《农用沼液》GB/T 40750-2021				《农田灌溉水质标准》GB 5084-2021		
		非浓缩沼液肥料			浓缩沼液肥料	作物种类		
		Ⅰ类	Ⅱ类	Ⅲ类		水田作物	旱地作物	蔬菜
1	pH	5.5～8.5				5.5～8		
2	杂物	水不溶物≤50（g/L）				悬浮物≤80（mg/L）	≤100	≤60[a]，15[b]
3	EC 值（ms/cm）	≤1.0[c] ≤1.5[d]	≤1.5[c] ≤2.0[d]	≤1.5[c] ≤3.0[d]	—	—		
4	鲜样水分质量分数（%）	—			—	—		
5	有机质质量分数	—	—	—	≥18（g/L）	—		
6	总养分 N+P$_2$O$_5$+K$_2$O	—			≥8 g/L	—		
7	粪大肠杆菌	菌群值：中温、常温厌氧发酵 ≥0.0001 菌群值：高温厌氧发酵≥0.001				菌群数 ≤40000 MPN/L		≤20000[a]，10000[b]
8	蛔虫卵	死亡率≥95%				蛔虫卵数 ≤20 个/10L		≤20[a]，10[b]
9	种子发芽指数（%）	—				—		
10	氯化物	—				以 Cl$^-$计，≤350 mg/L		
11	总汞（Hg）mg/L	≤0.4	≤0.5	≤5.0	≤5.0	≤0.001		
12	总铅（Pb）mg/L	≤1.2	≤1.6	≤50.0	≤50.0	≤0.2		

续表

序号	项目	《农用沼液》GB/T 40750-2021				《农田灌溉水质标准》GB 5084-2021		
13	总镉（Cd）mg/L	≤0.04	≤0.06	≤3.0	≤3.0	≤0.01		
14	总铬（Cr）mg/L	≤1.3	≤1.9	≤50.0	≤50.0	≤0.1		
15	总砷（As）mg/L	≤0.3	≤0.4	≤10.0	≤10.0	≤0.05	≤0.1	≤0.05
16	总镍（Ni）mg/L	—				≤0.2		
17	总铜（Cu）mg/L	—				≤0.5	≤1	
18	总锌（Zn）mg/L	—				≤2		
19	其他					水温：≤35 ℃ 五日生化需氧量 BOD_5：≤60，100，(40[a]，15[b]) mg/L 化学需氧量 CODcr：≤150，200，(100[a]，60[b]) mg/L 阴离子表面活性剂：≤5，8，5 mg/L 硫化物（以 S^{2-} 计）：≤1 mg/L 全盐量：≤1000（非盐碱土地区），2000（盐碱土地区）mg/L		

注：a 加工、烹调及去皮蔬菜；b 生食类蔬菜、瓜类和草本水果；c 叶面用；d 土壤用。

　　沼渣方面，如果作为有机肥料销售，需要达到现行行业标准《有机肥料》NY/T 525 的要求，如果用于园林绿化，则应达到现行国家标准《绿化用有机基质》GB/T 33891 的产品质量控制指标和指标限值要求。这两个标准的相关指标和限值如表 5-2 所示。

　　表 5-3 汇编了我国沼液、沼渣土地利用的各类相关标准。

沼渣的产品质量控制相关标准　　表 5-2

序号	项目	《有机肥料》 NY/T 525—2021	《绿化用有机基质》 GB/T 33891—2017				
				有机改良基质	扦插或育苗基质	栽培基质	
						盆栽、花坛、屋顶	绿地、林地
1	pH	5.5～8.5	水饱和浸提	4.0～9.5	5.0～7.6	4.5～7.8	4.0～9.5
			10:1 水土比法	≤12.0	≤2.5	≤10.0	≤12.0
2	杂物	机械杂质≤0.5% （质量分数）	石块	$w_{(a\geqslant2mm)}$ ≤5 $w_{(a\geqslant5mm)}$ =0	$w_{(a\geqslant2mm)}$ ≤2 $w_{(a\geqslant5mm)}$ =0	$w_{(a\geqslant2mm)}$ ≤3 $w_{(a\geqslant5mm)}$ =0	$w_{(a\geqslant2mm)}$ ≤5 $w_{(a\geqslant5mm)}$ =0
			塑料	$w_{(a\geqslant2mm)}$ ≤0.5	$w_{(a\geqslant2mm)}$ ≤0.1	$w_{(a\geqslant2mm)}$ ≤0.1	$w_{(a\geqslant2mm)}$ ≤0.5
			玻璃、金属	$w_{(a\geqslant2mm)}$ ≤2	$w_{(a\geqslant2mm)}$ ≤0.5	$w_{(a\geqslant2mm)}$ ≤1	$w_{(a\geqslant2mm)}$ ≤2
3	EC 值	—	水饱和浸提	≤12.0	≤2.5	≤10.0	≤12.0
			10:1 水土比法	0.5～3.5	≤0.65	0.30～1.5	0.30～3.0
4	鲜样水分质量分数（%）	≤30		≤40	≤40	≤40	≤40
5	有机质质量分数（%，以干基计）	≥30		≥35	—	≥30	≥25
6	总养分 N+P_2O_5+K_2O 干基质量分数	≥4%		≥2.5	—	≥1.8	≥1.5
7	粪大肠杆菌	菌群数≤100 个/g	菌群值≥0.01				

续表

序号	项目	《有机肥料》NY/T 525—2021	《绿化用有机基质》GB/T 33891—2017			
8	蛔虫卵死亡率	≥95％	≥95％			
9	种子发芽指数	≥70％	发芽指数（％）	—	≥95％	≥80％ ≥65％
10	氯化物	—	可溶性氯≤1500 mg/L			
11	总汞（Hg）（以干基计，mg/kg）	≤2	Ⅰ级≤1.0，Ⅱ级≤3.0，Ⅲ级≤5.0			
12	总铅（Pb）（以干基计，mg/kg）	≤50	Ⅰ级≤120，Ⅱ级≤300，Ⅲ级≤400			
13	总镉（Cd）（以干基计，mg/kg）	≤3	Ⅰ级≤1.5，Ⅱ级≤3.0，Ⅲ级≤5.0			
14	总铬（Cr）（以干基计，mg/kg）	≤150	Ⅰ级≤70，Ⅱ级≤200，Ⅲ级≤300			
15	总砷（As）（以干基计，mg/kg）	≤15	Ⅰ级≤10，Ⅱ级≤20，Ⅲ级≤35			
16	总镍（Ni）（以干基计，mg/kg）	—	Ⅰ级≤60，Ⅱ级≤200，Ⅲ级≤250			
17	总铜（Cu）（以干基计，mg/kg）	—	Ⅰ级≤150，Ⅱ级≤300，Ⅲ级≤500			
18	总锌（Zn）（以干基计，mg/kg）	—	Ⅰ级≤300，Ⅱ级≤1000，Ⅲ级≤1800			

沼液、沼渣土地利用相关标准整理　　　表 5-3

标准编号	名称	主要规定
GB 38400—2019	肥料中有毒有害物质的限量要求	基本项目限量要求： 总汞≤2 mg/kg，总砷≤15 mg/kg，总镉≤3 mg/kg，总铅≤50 mg/kg，总铬≤150 mg/kg，总铊≤2.5 mg/kg，缩二脲≤1.5%，蛔虫卵死亡率≥95%，粪大肠菌群数≤100 个/g 或≤100 个/mL； 可选项目限量要求： 总镍≤600 mg/kg，总钴≤100 mg/kg，总钒≤325 mg/kg，总锑≤25 mg/kg，苯并［a］芘≤0.55 mg/kg，石油烃总量≤0.25%，邻苯二甲酸酯类总量≤25 mg/kg
GB 7959—2012	粪便无害化卫生要求	常温中温厌氧消化蛔虫卵沉降率≥95%，高温厌氧消化蛔虫卵死亡率≥95%；中温、常温厌氧消化粪大肠菌值≥10^{-4}，高温厌氧消化粪大肠菌值≥10^{-2}，兼性厌氧消化粪大肠菌值≥10^{-4}；不得检出沙门氏菌
GB/T 18877—2020	有机无机复混肥料	适用于以人及畜禽粪便、动植物残体、农产品加工下脚料等有机物料经过发酵，进行无害化处理后，添加无机肥料制成的有机－无机复混肥料。外观：颗粒状或条状产品，无机械杂质。Ⅰ型总养分（$N+P_2O_5+K_2O$）≥15%，水分≤12%，有机质≥20%；Ⅱ型总养分≥25%，水分≤12%，有机质≥15%；Ⅲ型总养分≥35%，水分≤10%，有机质≥10%，pH＝5.5～8.5，粪大肠杆菌≤100 个/g(mL)，蛔虫死亡率≥95%，Hg≤5 mg/kg，As≤50 mg/kg，Cd≤10 mg/kg，Pb≤150 mg/kg，Cr≤500 mg/kg，氯离子（按"未标注"、"低氯"、"高氯"分别≤3%、15%、30%），钠离子≤3%，缩二脲≤0.8%

标准编号	名称	主要规定
GB/T 17419—2018	含有机质叶面肥料	含氨基酸类、糖类、有机酸类、腐殖酸类、黄腐殖酸类中的一种或多种可水溶的为植物吸收利用的含碳的有机成分，按生物生长所需添加适量氮磷钾大量微量元素及微量元素而制成的主要用于叶面施肥的肥料，分为液体或固体两种剂型。液体产品有机质≥100 g/L，总养分≥80 g/L，微量元素（硼、锌、锰、铁、铜、钼含量之和）≥20 g/L，水不溶物≤5 g/L，pH（1＋250倍稀释）2～9。固体产品有机质≥25%，总养分≥5%，微量元素（硼、锌、锰、铁、铜、钼含量之和）≥2%，水不溶物≤0.5%，水分≤5%，pH（1＋250倍稀释）2～9。两种产品要求 Hg≤5 mg/kg，As≤10 mg/kg，Cd≤10 mg/kg，Pb≤50 mg/kg，Cr≤50 mg/kg
GB/T 17420—2020	微量元素叶面肥料	适用于以微量元素为主的叶面肥料，液体产品微量元素（硼、锌、锰、铁、铜、钼含量之和）≥100 g/L，水不溶物≤5 g/L，pH（1＋250倍稀释）≥3。固体产品微量元素≥10%，水分≤5%，水不溶物≤0.5%，pH＝5～8（1＋250倍稀释）
GB/T 40750—2021	农用沼液	农用沼液产品按使用功能分为三类：Ⅰ类主要适用于粮油、蔬菜等食用类草本作物；Ⅱ类主要适用于果树、茶树等食用类木本作物；Ⅲ类主要适用于棉麻、园林绿化等非食用类作物。pH＝5.5～8.5，水不溶物≤50 g/L，蛔虫卵死亡率≥95%，臭气排放浓度≤70，浓缩后总养分（$N+P_2O_5+K_2O$）≥8 g/L，有机质≥18 g/L，腐殖酸≥3 g/L；Ⅰ类沼液：As≤0.3 mg/L，Cr≤1.3 mg/L，Cd≤0.04 mg/L，Pb≤1.2 mg/L，Hg≤0.4 mg/L，总盐（以电导率计）叶面施用≤1 mS/cm，土壤施用≤1.5 mS/cm；Ⅱ类沼液：As≤0.4 mg/L，Cr≤1.9 mg/L，Cd≤0.06 mg/L，Pb≤1.6 mg/L，Hg≤0.5 mg/L，总盐叶面施用≤1.5 mS/cm，土壤施用≤2 mS/cm；Ⅲ类沼液：As≤10 mg/L，Cr≤50 mg/L，Cd≤3 mg/L，Pb≤50 mg/L，Hg≤5 mg/L，总盐叶面施用≤1.5 mS/cm，土壤施用≤3 mS/cm

标准编号	名称	主要规定
GB/T 33891—2017	绿化用有机基质	以农林、餐厨、食品和药品加工等有机废弃物为主要原料，适合绿化植物生长的固体物质，主要用途为栽培基质或改良绿化土壤，粒径≤15 mm，杂物（粒径>2 mm 的石块、塑料、金属等）≤7.5%，pH=4～9.5，EC≤3，含水率≤40%，有机质≥25%，总养分（N+P_2O_5+K_2O）≥1.5%，可溶性钠≤1000 mg/L，可溶性氯≤1500 mg/L，卫生要求（蛔虫卵、粪大肠菌群、沙门氏菌）同《粪便无害化卫生要求》GB 7959—2012
GB/T 25246—2010	畜禽粪便还田技术规范	畜禽粪便还田前，应进行处理，且充分腐熟并杀灭病原菌、虫卵和杂草种子。 制作沼气肥，沼液和沼渣应符合《粪便无害化卫生要求》GB 7959—2012 的规定。沼渣出池后应进行进一步堆制，充分腐熟后才能使用。 沼液用作叶面肥施用时，其质量应符合《含有机质叶面肥料》GB/T 17419—2018 和《微量元素叶面肥料》GB/T 17420—2020 的技术要求。 沼液、沼渣的施用量应折合成干粪的营养物质含量进行计算
GB 18596—2001	畜禽养殖业污染物排放标准	用于直接还田的畜禽粪便，必须进行无害化处理。 经无害化处理后的废渣，应符合畜禽养殖业废渣无害化环境标准的规定（蛔虫卵死亡率≥95%，粪大肠菌群数≤10^5 个/kg）
GB 5084—2021	农田灌溉水质标准	沼液处理后用于农田灌溉用水，基本控制项目标准值（针对水作、旱作、蔬菜三种作物种类）规定了 BOD_5≤（60、100、40^a 15^b）mg/L，COD≤（150、200、100^a 60^b）mg/L，pH=5.5～8.5，总汞≤0.001 mg/L、镉≤0.01 mg/L、总砷≤（0.05、0.1、0.05）mg/L、铬≤0.1 mg/L、铅 0.2≤mg/L、粪大肠杆菌群数≤（4000、4000、2000^a 1000^b）个/100mL、蛔虫卵数≤（2、2、2^a 1^b）个/L。（a 为烹饪类蔬菜，b 为生食类蔬菜水果） 选择性控制项目标准值（针对水作、旱作、蔬菜三种作物种类）规定了铜≤（0.5、1、1）mg/L、锌≤2 mg/L、硒≤0.02 mg/L、氰化物≤0.5 mg/L、苯≤2.5 mg/L 等指标

标准编号	名称	主要规定
HJ 1266—2022	生物质废物堆肥污染控制技术规范	规定了生物质废物堆肥污染控制的总体要求，收集、运输、预处理和发酵过程的污染控制技术要求，以及监测和环境管理要求。生物质废物指生活垃圾中的厨余垃圾、园林废物和不可回收的纸类，农业固体废物中的畜禽粪便、秸秆和其他作物残余，城镇污水处理厂污泥，厨余垃圾厌氧消化沼渣及食品加工废物等源于生物质的固体废物。生物质废物堆肥处理产物土地利用时，应满足：蛔虫卵死亡率和粪大肠菌群数应符合《肥料中有毒有害物质的限量要求》GB 38400—2019 的要求；种子发芽指数应符合《有机肥料》NY/T 525—2021 的要求；好氧呼吸量不超过 20 mg O_2/(g 有机物)；杂质含量指标：杂质（粒径杂质含量指标：杂质（粒径＞2 mm 的玻璃、塑料、金属、橡胶）质量百分数不超过 0.5%（以干燥样计），塑料类杂质（粒径＞2 mm）质量百分数不超过 0.1%（以干燥样计），塑料类杂质面积质量比不超过 25 cm^2/(kg 湿堆肥))
NY 884—2012	生物有机肥	生物有机肥指特定功能微生物与主要以动植物残体（如畜禽粪便、农作物秸秆等）为来源并经无害化处理、腐熟的有机物料复合而成的一类兼具微生物肥料和有机肥效应的肥料。外观要求粉剂产品应松散、无恶臭味；颗粒产品应无明显机械杂质、大小均匀、无腐败味。要求有效活菌数≥0.2 亿个/g（mL），有机质≥40%，水分≤30%，pH 5.5～8.5，粪大肠杆菌≤100 个/g（mL），蛔虫死亡率≥95%，Hg≤2 mg/kg，As≤15 mg/kg，Cd≤3 mg/kg，Pb≤50 mg/kg，Cr≤150 mg/kg
NY/T 1107—2020	大量元素水溶肥料	适用于以大量元素（氮、磷、钾）为主要成分的液体或固体水溶肥料，要求液体无明显沉淀和杂质，大量元素含量≥400 g/L，水不溶物≤10 g/L，缩二脲含量≤0.9%，氯离子含量同《有机无机复混肥料》GB/T 18877—2020
NY 1110—2010	水溶肥料汞、砷、镉、铅、铬的限量要求	经水溶解或稀释，用于灌溉施肥、叶面施肥、无土栽培、浸种蘸根等用途的液体或固体肥料，要求 Hg≤5 mg/kg，As≤10 mg/kg，Cd≤10 mg/kg，Pb≤50 mg/kg，Cr≤50 mg/kg

标准编号	名称	主要规定
NY 1106—2010	含腐殖酸水溶肥料	以适合植物生长所需比例的矿物源腐殖酸，添加适量氮、磷、钾大量元素或铜、铁、锰、锌、硼、钼微量元素制成的液体或固体水溶肥料；要求腐殖酸≥30 g/L，大量元素（N＋P_2O_5＋K_2O）≥200 g/L，水不溶物≤50 g/L，pH＝4～10（1＋250 倍稀释），重金属要求同《水溶肥料汞、砷、镉、铅、铬的限量要求》NY 1110—2010
NY/T 2596—2022	沼肥	技术指标：沼液肥，pH＝5～8，总养分含量≥80 g/L，水不溶物≤50 g/L；沼渣肥，水分≤20%，pH＝5.5～8.5，总养分含量≥5%，有机质≥30%；有害物质限量指标同《肥料中有毒有害物质的限量要求》GB 38400—2019
NY/T 525—2021	有机肥料	该标准的有机肥料指主要来源于植物和（或）动物，经过发酵腐熟的含碳有机物料，其功能是改善土壤肥力、提供植物营养，提高作物品质。外观颜色为褐色或灰褐色，粒状或粉状，均匀，无恶臭，无机械杂质。要求有机质质量分数≥45%，总养分≥5%，水分≤30%，pH＝5.5～8.5，Hg≤2 mg/kg，As≤15 mg/kg，Cd≤3 mg/kg，Pb≤50 mg/kg，Cr≤150 mg/kg
NY/T 798—2015	复合微生物肥料	复合微生物肥料指特定微生物与营养物质复合而成，能提供、保持或改善植物营养，提高农产品产量或改善农产品品质的活体微生物制品。外观为均匀的液体或固体。悬浮型液体产品应无大量沉淀，沉淀轻摇后分散均匀；粉状产品应松散；粒状产品应无明显机械杂质、大小均匀。液体产品要求有效活菌数≥0.5 亿/g（mL），总养分 6%～20%，杂菌率≤15%；固体产品要求有效活菌数≥0.2 亿/g（mL），总养分 8%～25%，有机质≥20%，杂菌率≤30%。两种产品 pH＝5.5～8.5，粪大肠杆菌≤100 个/g（mL），蛔虫死亡率≥95%，Hg≤2 mg/kg，As≤15 mg/kg，Cd≤3 mg/kg，Pb≤50 mg/kg，Cr≤150 mg/kg

标准编号	名称	主要规定
NY/T 2065—2011	沼肥施用技术规范	规定了沼气池制取沼肥的工艺条件、理化性状，主要污染物允许含量、综合利用技术与方法。沼肥定义为畜禽粪便等废弃物在厌氧条件下经微生物发酵制取沼气后用作肥料的残余物。对农作物（粮油作物、果树、蔬菜）施用沼肥技术，农作物沼液浸种技术，沼液防治农作物病虫害技术，沼液无土栽培技术，沼渣配制营养土技术，沼渣栽培食用菌技术等作了详细规定。 理化性质要求沼肥颜色为棕褐色或黑色，沼渣含水量 60%～80%，沼液含水量 96%～99%，pH＝6.8～8.0，沼渣干基总养分含量≥3%，有机质含量≥30%，沼液鲜基总养分含量≥0.2%。 重金属含量要求同《有机肥料》NY/T 525—2021，卫生指标同《粪便无害化卫生要求》GB 7959—2012
NY/T 2374—2013	沼气工程沼液沼渣后处理技术规范	规定了从沼气工程厌氧消化器排出的沼液沼渣实现资源化利用或达标处理的技术要求。规定了后处理总则。在沼液后处理技术中规定了沼液资源化综合利用的处理技术和沼液达标排放处理技术（沼液向水体排放，其出水水质应满足《污水综合排放标准》GB 8978—1996 的规定。有地方排放标准的，应满足地方排放；典型工艺技术：沼液-沉淀-曝气池-稳定塘-膜生物反应器-消毒-达标排放），在沼渣后处理技术中规定了沼渣制取有机肥料的工艺、技术参数（典型工艺技术：沼渣-调质-堆沤-腐熟-干燥-粉碎-筛分-有机肥，堆沤：堆体温度在 55 ℃条件下保持 3 d，或 50 ℃以上保持 5～7 d；干燥：70～80 ℃条件下保持约 25 min）

标准编号	名称	主要规定
NY/T 2139—2012	沼肥加工设备	1. 堆沤沼渣肥 总养分含量（以干基计）≥6.0%，有机质（以干基计）≥25%，水分≤30%，卫生指标和重金属含量同《复合微生物肥料》NY/T 798—2015。 2. 沼渣颗粒肥 产品技术指标和要求按《复合微生物肥料》NY/T 798—2015 执行。 3. 复混沼渣肥 产品技术指标和要求按《有机无机复混肥料》GB/T 18877　2020 执行。 4. 耦合灌溉水肥 总养分含量（以干基计）≥4.0%，pH＝5～8，蛔虫卵死亡率≥95%，粪大肠菌群数≤100 个/g（mL）。 5. 冲施沼液肥 总养分总量≥30 g/L，多元有机酸总量≥30 g/L，pH＝4～8，蛔虫卵死亡率≥95%，粪大肠菌群数≤100 个/g（mL）。 6. 叶面喷施沼液肥 总养分总量≥30 g/L，多元有机酸总量≥80 g/L，pH＝3～8，蛔虫卵死亡率≥95%，粪大肠菌群数≤100 个/g（mL），重金属要求同《水溶肥料汞、砷、镉、铅、铬的限量要求》NY 1110—2010
CJJ 184—2012	餐厨垃圾处理技术规范	工艺中产生的沼液和残渣应得到妥善处理，不得对环境造成污染； 沼液做液体肥料时，其液体肥产品质量应符合国家现行标准《含腐殖酸水溶肥料》NY 1106—2010 的要求

5.2.4　厨余垃圾为原料的消化残余物中的重金属污染风险

图 5-5 列出了我国位于上海、浙江、江苏、甘肃等地的 30 个城市厨余垃圾厌氧消化处理厂产生的沼液的重金属离子（例如，Cd、Cr、Pb 和 Ni）浓度范围。这些厂是在我国"十二五""十三五"期间建成并运行的，进厂原料既包括餐厨垃圾，也包括家庭厨余垃圾和集贸市场垃圾。可见这些沼液的重金属离子浓度均远

低于国内外相关的农业标准限值。这说明易腐垃圾厌氧消化沼液中重金属的环境污染风险是极低的。

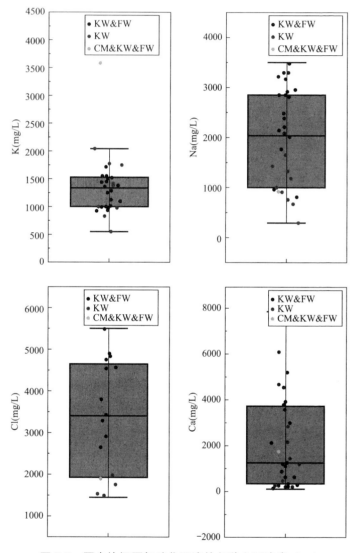

图 5-5　厨余垃圾厌氧消化沼液的各种金属浓度（一）

（根据文献 ［22］ 数据重新绘制）

备注：KW—家庭厨余垃圾；FW—餐厨垃圾；CM—畜禽粪便

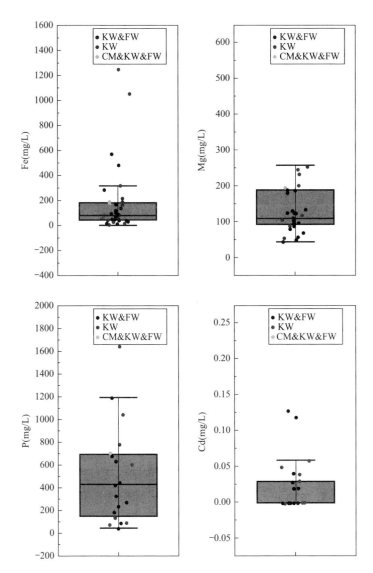

图 5-5　厨余垃圾厌氧消化沼液的各种金属浓度（二）

（根据文献［22］数据重新绘制）

备注：KW—家庭厨余垃圾；FW—餐厨垃圾；CM—畜禽粪便

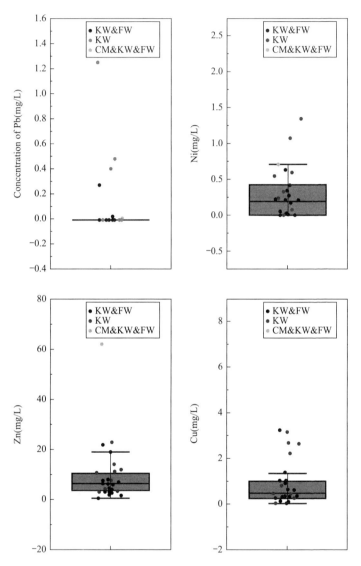

图 5-5　厨余垃圾厌氧消化沼液的各种金属浓度（三）

（根据文献［22］数据重新绘制）

备注：KW—家庭厨余垃圾；FW—餐厨垃圾；CM—畜禽粪便

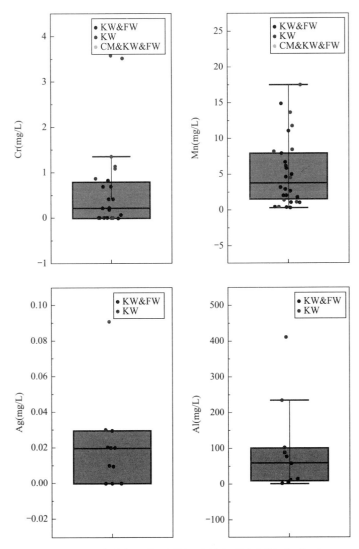

图 5-5　厨余垃圾厌氧消化沼液的各种金属浓度（四）

（根据文献［22］数据重新绘制）

备注：KW—家庭厨余垃圾；FW—餐厨垃圾；CM—畜禽粪便

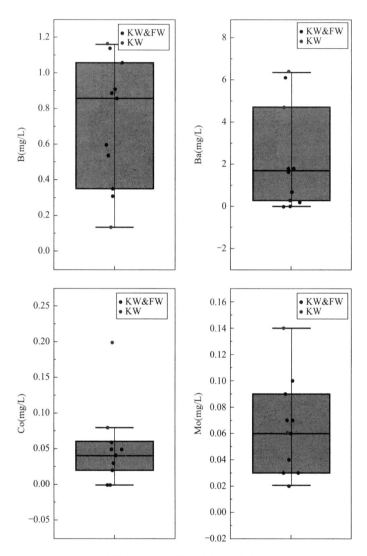

图 5-5 厨余垃圾厌氧消化沼液的各种金属浓度（五）

（根据文献［22］数据重新绘制）

备注：KW—家庭厨余垃圾；FW—餐厨垃圾；CM—畜禽粪便

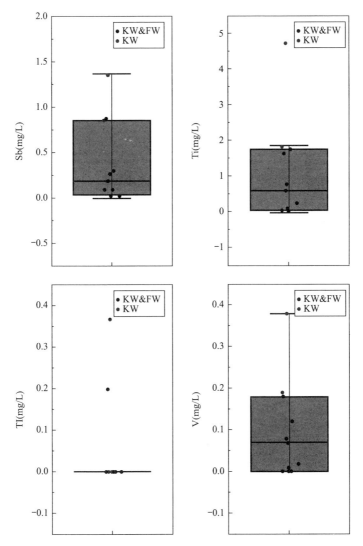

图 5-5　厨余垃圾厌氧消化沼液的各种金属浓度（六）

（根据文献［22］数据重新绘制）

备注：KW—家庭厨余垃圾；FW—餐厨垃圾；CM—畜禽粪便

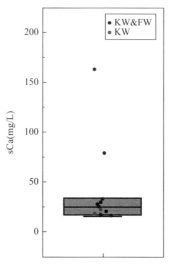

图 5-5　厨余垃圾厌氧消化沼液的各种金属浓度（七）

（根据文献［22］数据重新绘制）

备注：KW—家庭厨余垃圾；FW—餐厨垃圾；CM—畜禽粪便

5.3　固液分离

5.3.1　固液分离的必要性

厌氧消化除了产生能源气体沼气外，主要产物是消化液（即消化残余物）。消化液物理状态为黏稠液体，但它的总固体含量（TS）可达 5%wt～10%wt，直接作为液体施用则悬浮物太高，容易堵塞灌溉管道和喷嘴，而且液体运输成本高，因此也不适用于外运至太远的区域使用。通过消化液固液分离，可将消化液分离为富含氮的液相（即沼液），以及富含有机物和磷的固相（即沼渣），提高了消化液的应用价值，降低了后续处理的运输成本（图 5-6）。

5.3.2　固液分离的效率

理想的固液分离应当是消化液中除水以外所有物质都集中到

固相。因此，可采用"固相中
该物质的含量"与"消化液中
该物质的含量"之比评判固液分
离中某物质的分离效率。换言
之，分离到固相中的物质越多，

图 5-6　固液分离示意图

分离效率越好。在实践中，因为用户更关注固相中总固体 TS 含
量，因此，评判固液分离总体分离效率时，使用总固体 TS 的分离
效率表示。分离效率有多种计算方式，常见两种计算方式如下：

1. 去除效率 R

式（5-1）表示液相中某物质 X 从液相中去除的效率，液相中
X 浓度越低，则分离效率越高。该计算方式简单，需要数据少，
但去除效率 R 只关注了浓度比，没有考虑固液两相流量比和物质
X 质量比对分离效率的影响。

$$R(X) = 1 - \frac{c(X)_{沼液}}{c(X)_{消化液}} \tag{5-1}$$

式中，X 表示某物质，如总固体；$c(X)_{沼液}$ 表示液相（即沼
液）中物质 X 的浓度；$c(X)_{消化液}$ 表示消化液中物质 X 的浓度。

2. 分离指标 E_t

式（5-2）表示某物质 X 分离到固相的质量越多，则分离效率
越高。分离指标 E_t 只关注固相中物质 X 与消化液中物质 X 质量
比，没有考虑液相浓度。

$$E_t(X) = \frac{Q_{沼渣} \cdot c(X)_{沼渣}}{Q_{消化液} \cdot c(X)_{消化液}} \tag{5-2}$$

式中，X 表示某物质，如总固体；$Q_{沼渣}$ 表示固相（即沼渣）
的流量；$c(X)_{沼渣}$ 表示固相中物质 X 的浓度；$Q_{消化液}$ 表示消化液的
流量；$c(X)_{消化液}$ 表示消化液中物质 X 的浓度。

对于总固体 TS 的分离效率，两种计算方式结果相近，可根据
所获得数据选择相应的计算方式。如已知消化液、沼液和沼渣的
总固体含量，也可由公式（5-3）计算 $Q_{沼渣}$ 与 $Q_{消化液}$ 的比值，进而

计算 E_t。去除效率 R 和分离指标 E_t 具有很强的相关性，可以互相替代，只有在计算氨氮和钾等极易溶于水的物质时，两者才相差较大（R 大于 E_t）。

$$\frac{Q_{沼渣}}{Q_{消化液}} = \frac{c(X)_{消化液} - c(X)_{沼液}}{c(X)_{沼渣} - c(X)_{沼液}} \tag{5-3}$$

5.3.3 消化液常用的固液分离设备

固液分离可根据分离动力，分为密度分离和机械分离。密度分离利用重力或浮力，机械分离利用机械力强制分离。

1. 密度分离

密度分离是利用固体颗粒与液体的密度差，通过重力或浮力作用实现固液分离的方法。重力分离常用沉淀池的形式。浮力分离常用气浮池的形式。重力分离技术简单、建设和运维成本较低，但占地面积大，分离后的固相含水率仍很高，已逐渐被机械分离取代。

2. 机械分离

常见的机械分离机械包括卧式螺旋离心机、螺旋挤压分离机，以及板框压滤机。

（1）卧式螺旋离心机

与重力分离相比，离心机采用离心力提高固相沉淀速度，从而在相同沉淀时间内，分离效率更高。厌氧消化工程常用的离心机为卧式螺旋离心机，具有处理能力大、分离效果好、适应力强等特点，但投资成本和运行成本较高。

图 5-7 为卧式螺旋离心机示意图。消化液通过进料管进入螺旋轴内筒，由进料孔进入转鼓中。在离心力的作用下，固体沉降至转鼓内侧，又因螺旋轴和转鼓的转速差，沉降的固相被输送至沼渣卸料口，液相沼液从另一端排出。卧式螺旋离心机结构设计和操作参数对固相和液相分离效果影响显著，如：结构参数转鼓直径和有效长度、转鼓半锥角、螺距，操作参数转鼓转速、转速差、液环层厚度。可通过调整转速差、转速、溢流板高度等，改变固

液分离效果。

（2）螺旋挤压分离机

螺旋挤压分离机属于压滤分离，物料通过挤压过筛网，从而实现固液分离。螺旋挤压分离机具有转速低、投资和运行成本低等特点，但分离效率低于离心分离机。

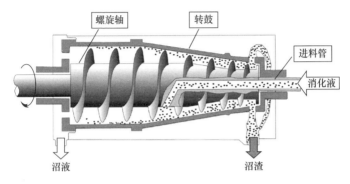

图 5-7　卧式螺旋离心机示意图

（根据文献［74］重新绘制）

图 5-8 为螺旋挤压分离机示意图。消化液由入料口加入，在离心力和螺旋叶片挤压下推动消化液向卸料口移动。螺旋轴外侧设有筛网，液相在挤压过程中通过筛网排出，而固相不断被挤压脱水，最终从卸料口排出。

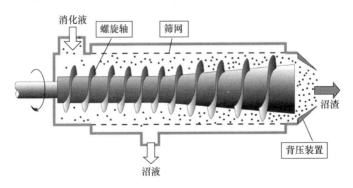

图 5-8　螺旋挤压分离机示意图

（根据文献［74］重新绘制）

螺旋挤压分离机核心部件是筛网鼓、螺旋轴和背压装置。影响分离效率的主要因素有螺旋叶片的长径比、安装倾斜角、背压装置、螺旋轴转速等。可通过调整背压装置压力、筛网尺寸等，改变固液分离效果。

（3）板框压滤机

板框压滤机是根据高压过滤原理工作的固液分离设备。其工作优点是获得的沼渣的含固率较高，但冲洗维护等操作较繁琐。影响其过滤性能的因素包括消化残余物的过滤比阻、压缩系数和最大干度。

常见的板框压滤机有厢式压滤机和隔膜压滤机。厢式压滤机是在密闭的过滤室内，压力直接施加于物料，实现压力过滤。其优势是沼渣干度可超过 30％wt，但缺点是间歇性运行、投资成本高、自动化程度较低。隔膜压滤机的每个过滤室的内表面的一侧采用聚丙烯膜或橡胶膜覆盖，过滤室的另外一侧仍然采用传统构造；采用水或压缩空气对隔膜进行加压（约 1.5 kPa），隔膜可以对整个物料表面施加均匀的压力，因此可以获得更高的沼渣含固率、更均质、易卸除，进一步提高沼渣含固率；与传统压滤机相比，其处理能力可以提高 30％～40％；目前已开发出了配有滤布振荡系统、滤板振荡系统、滤布收卷系统和自动刮板系统的隔膜压滤机，从而提高自动化水平。

5.3.4　消化液固体分离设备的选型

可以根据分离效率、处理能力和经济成本这三个要素来进行选型。

1. 分离效率

螺旋挤压分离机通过筛网进行固液分离，相比卧式螺旋离心机，螺旋挤压分离机对小颗粒物质分离效果较差，典型机械分离效率见表 5-4。不同类型的废物在采用不同类型的机械分离组合时的分离效率和获得的沼液、沼渣含固率情况见表 5-5。

典型机械分离效率[75]　　　　　　　　　　表 5-4

机械分离方式	分离效率		
	总固体（%）	总氮（%）	总磷（%）
卧式螺旋离心机	61	28	71
螺旋挤压分离机	37	15	17

固液分离效率与厌氧消化原料的关系[76]　　　表 5-5

原料性质		固液分离方式	消化液	沼渣		沼液	
厌氧消化进料	进料量（t/d）		TS（g/kg）	沼渣流量占比（%）	TS（g/kg）	TS（g/kg）	分离效率（%）
污泥粪便餐厨	30	离心	48.4	23.05	187.6	6.7	89.35
粪便	290	离心	33.8	7.85	276.7	13.1	64.29
粪便	40	离心	31.7	5.21	315.4	16.1	51.86
粪便餐厨	8	离心	47.4	9.39	247.1	26.7	48.96
污泥粪便	30	螺旋挤压	54.6	26.18	179.5	10.3	86.07
污泥油脂餐厨	90	螺旋挤压	55.9	17.64	238.9	16.7	75.40
秸秆	35	螺旋挤压	94.4	23.59	296.2	32.1	74.02
污泥	66	螺旋挤压	117.9	28.28	246.2	67.3	59.06
粪便	45	螺旋挤压	61.5	9.65	314.2	34.5	49.32
粪便	100~120	螺旋挤压	81.8	13.46	244.4	56.5	40.23
粪便	15	螺旋挤压	107.5	17.94	229.2	80.9	38.24
粪便污泥	29	螺旋挤压	73.8	15.53	179.9	54.3	37.85
粪便秸秆	57	螺旋挤压	67.4	8.43	296.7	46.3	37.09

续表

厌氧消化进料	原料性质		固液分离方式	消化液	沼渣		沼液	
	进料量（t/d）			TS（g/kg）	沼渣流量占比（%）	TS（g/kg）	TS（g/kg）	分离效率（%）
粪便	15		螺旋挤压	104.8	9.73	309.9	82.7	28.76
污泥粪便	15.8		螺旋挤压	93.2	11.66	218.2	76.7	27.30
污泥油脂餐厨粪便	120		螺旋挤压	70.9	7.92	234.8	56.8	26.23
粪便污泥	21.2		螺旋挤压	78	6.65	243.7	66.2	20.77
油脂秸秆	37		螺旋挤压	52.7	2.46	374	44.6	17.45
粪便	70-80		螺旋挤压	94.7	7.46	208.8	85.5	16.45
粪便	30.5		螺旋挤压	68	4.55	202.4	61.6	13.53
粪便	55		螺旋挤压	44.4	1.34	323.9	40.6	9.79
污泥秸秆	80		螺旋挤压	63.7	1.57	264.8	60.5	6.51
油脂	20-30		螺旋挤压＋离心	282.8	61.02	439.7	37.2	94.87
餐厨	100		螺旋挤压＋离心	227.2	50.04	416.2	37.9	91.67

2. 处理能力

处理能力是指原料被分离的速率。螺旋挤压分离机平均处理能力为 18 m³/h，范围 6～25 m³/h，而卧式螺旋离心机平均处理能力为 12 m³/h，范围在 3～25 m³/h[74]。

3. 经济成本

经济成本包括投资成本和运行维护成本。根据已有研究资料，机械分离设备的经济成本见表 5-6。在相同处理量条件下，卧式螺旋离心机总成本是螺旋挤压分离机的 5 倍。

机械分离设备的经济成本分析（处理 4000 t/a 消化液）[77]　　表 5-6

经济成本组成	卧式螺旋离心机	螺旋挤压分离机
维护成本（元/年）	10750	2150
用电量（kWh）	12000	2000
投资成本（万元）	43	8.6
资本成本（元/年）	61270	12260
总成本（元/年）	76160	15100
总成本（元/t）	19.0	3.8

5.3.5　固液分离时可投加絮凝剂吗

絮凝剂常用于污水处理和污泥调理，通过压缩双电层、吸附电中和、吸附架桥和网捕等作用促进颗粒物沉降。消化液的固液分离也可使用絮凝剂来提高分离效率，常见的絮凝剂有聚合氯化铝、聚合氯化铝铁、硫酸铝、硫酸亚铁、三氯化铁等类型的无机絮凝剂；有阴离子、阳离子、非离子和两性离子聚丙烯酰胺（PAM）等类型的有机絮凝剂。

但是，絮凝剂会增加经济成本，而且如果沼液、沼渣是要土地利用的话，絮凝剂存在环境安全的风险。因此，村镇垃圾厌氧消化的消化液在固液分离时不建议投加絮凝剂。

5.4　沼液、沼渣的土地利用

5.4.1　沼液、沼渣的土地利用的方法

一般来说，固液分离后的沼渣的施用方式和工具可以与施用粪肥的相同，分离后的沼液的施用可以使用灌溉设备、喷淋设备。与传统粪肥相比，沼液、沼渣的气味得到明显改善，植物营养的可利用性大大提高，还具有其他多样化的利用方式。

1. 基肥

沼液、沼渣中不仅含有丰富的氮、磷、钾等速效营养成分，还含有丰富的有机物和腐殖酸等，施加在土壤中可以有效改善土壤性能。在实际使用中，应根据地区土壤状况及农作物养分需求，合理控制施加量。沼渣更宜作为基肥，施用时可采用穴施、条施、撒施，施用后充分和土壤混合并立即覆土，减少氨的挥发流失，陈化 1 周后可进行播种、栽插。对于粮油作物，水稻每年施用 1～2 季，其他粮油作物每年 1 季；对于果树类，一般在春季 2～3 月和采果结束后开沟施用并覆土；对于蔬菜，按每年 2 季计算施用量。沼渣、沼液可以与化肥配合施用，沼渣作为基肥一次性集中施用，化肥作为追肥，在农作物养分最大需要期，根据作物对磷、钾的需求量配合补施一定量的磷肥和钾肥。

2. 营养土或培养基质

配制营养土选用腐熟度高、质地细腻的沼渣，按沼渣：泥土：锯末：化肥＝（0.2～0.3）：（0.5～0.6）：（0.05～0.1）：（0.001～0.002）的比例混合均匀即可，可用于盆栽养殖、家庭菜园、园林绿化等；在沼气池中停留 3 个月以上的充分发酵腐熟的沼渣沥水干燥至含水率 60%wt～70%wt 时，与其他栽培料（如麦秆、棉籽壳等）混合可作为食用菌菇的培养基质，配比根据所培养的菌菇种类调整，通常沼渣占 50%～70%。

3. 追肥

沼渣做基肥一次性施用后，沼液可作为追肥配合施用，年参考施用量 45～100 t/hm²。对于粮油作物，沼液宜在作物孕穗和抽穗之间开沟施用，覆盖 10 cm 左右厚度的土层，有条件的地方可提前将沼液与土壤混合并密封保存 7～10 d 后施用；对于蔬菜，在菜苗定植 7～10 d 后开始施用，每隔 7～10 d 施用 1 次，在采摘收获前一周停止施用。

4. 叶面肥

沼液可采用叶面喷施的方式进行施肥，喷洒量根据作物种类、生长时期、长势及环境条件确定，喷洒时宜在晴天的早晨或傍晚进行，雨后需重新喷洒；作物处于幼苗、嫩叶期时应与清水 1∶1稀释施用，作物处于生长中后期可用沼液直接喷施，喷洒时宜从叶面背后喷洒，叶面喷施的方式尤其适合果树，应注意果实收获前 1 个月停止施用，沼液在作为追肥或叶面肥施用时可同时起到病虫害防治的作用，同时还可在喷洒时配合洗衣粉溶液、杀虫剂等制成沼液治虫药剂，有效防治蚜虫、玉米螟、红蜘蛛等。

5. 无土栽培营养液

经过固液分离并除杂后的沼液，按各类蔬菜的营养需求，以 1∶（4～8）比例稀释后用作无土栽培营养液，根据不同品种蔬菜对微量元素的需要，可适当添加微量元素并调节 pH，栽培过程中定期更换沼液。

6. 农作物浸种

沼液浸种技术是当前农业生产中常见的一种技术形式，通过浸种处理可以提高农作物种子发芽成活率，减少病虫害滋生。浸种应使用当年或上年生产的新鲜种子，浸种前对种子进行晾晒（不少于 24 h）、筛选，清除杂物，将种子装在能滤水的袋子中，将袋子悬挂浸泡于沼液中。水稻浸种时长通常为 36～48 h，抗逆性较差的常规水稻品种应先将沼液 1∶1 兑水稀释后使用，然后清水洗净进行催芽；小麦浸种时长 12 h，玉米的浸种时长 4～6 h，浸泡取出后清水洗净，沥干水分并晾干，次日即可播种。

5.4.2　沼液、沼渣土地利用时的注意事项

1. 土壤和环境的安全性

消化残余物作为土壤调理剂或有机肥进行土地利用时，需要保证其稳定、安全且不含杂质，而厌氧消化残余物的性质和质量，首先取决于原料的组成和性质。优质原料是生产安全的、对植物生长有利的消化残余物的重要起点。分类效果好的餐厨、家庭厨

余等易腐垃圾中重金属等有害物质含量极低，以其作为厌氧消化原料所产出的沼液可以认为是安全的，而分类效果不好的原料中，可能混入的电子产品、药品、塑料袋等会导致沼肥重金属、抗生素及微塑料含量增加，后续处理和最终利用不能得到有效的保障，对农田土壤环境和农产品质量安全造成潜在危害。因此，需要从源头上确保原料安全、垃圾分类良好。用于农用的沼液，有条件的情况下应重点针对营养元素含量、有害物质浓度和卫生指标等定期取样监测其质量，监测频率可为每季度 1 次，并形成记录，在保证安全的前提下，更好地对营养施用进行精确计算和管理。

2. 养分的合理施用

沼液、沼渣含有丰富的氮、磷、钾、有机物和腐殖酸等，有助于改善土壤质量以及作物长势，但切不可为追求肥效而盲目过量施用。超负荷施用会引起土壤水势降低、盐分积累，造成烧苗，同时过量的养分在灌溉、雨水冲刷作用下，随地表径流进入附近水体会导致水体的富营养化，导致水藻爆发，严重影响水域生态。不同的作物—土壤系统对沼液、沼渣具有不同的消纳承载能力，应合理确定施用量。欧洲发达国家的实践经验是，由沼液来提供作物总氮营养需求的 $50\%\sim60\%$，剩余部分由化肥补充。施用前最好对受纳土地的氮、磷承载力进行评估，有条件的情况下，由专业的管理者制定施肥计划，例如国外有免费软件"Manner NPK"，可以计算不同养分有机肥的施用量。欧洲经验是，在硝酸盐脆弱地区的土地上，每年的氮输入量限制参考值为 170 kg N/hm^2，在承载力较高的土地上可放宽为 250 kg N/hm^2。

3. 施用的规范性

由于沼液中的氮绝大部分是以易挥发的氨形式存在，施用不当容易造成氨向大气的释放，造成营养流失和空气的污染，在《沼肥施用技术规范》NY/T 2065—2011 中列出了主要的小规模应用场景及施用方法，施用沼肥时应参照执行，通过直接注入土壤或覆土操作，避免施用后的沼渣、沼液暴露于空气中，沼渣、沼液与空气的大面积接触将造成显著的氨挥发；对于集约化农田的大规模沼液施用，欧洲发达国家推荐使用软管拖曳车（图 5-9）将沼液均匀施用于土壤表面，或采用滴灌技术布施，目的是使沼液可以快速、均匀地渗入土壤，减少与空气接触时间，切忌沼液的大范围喷洒散播施用或漫灌。此外还应注意：

（1）沼肥尽量在植物生长开始或旺盛时施用，此时作物对养分的摄取和利用率最高，冬季避免施用。

（2）靠近河道、陡坡、结冰以及冰雪覆盖的土地限制施用。

（3）施用的最佳天气是潮湿、无风且无降雨的天气，干燥多风天气会增加蒸发和氨的流失，降雨则易导致营养的淋溶流失。

（4）施用土地须离开放的地表水水源地至少 10 m 以上，离饮用水水源地 50 m 以上。

（5）有条件的情况下施用的有机肥料养分信息（N、P）每年测定 1 次，受纳土壤每 5 年测定 1 次。

图 5-9　采用软管拖曳车施用沼液[78]

4. 沼液、沼渣的储存

土地施用只能在作物对养分需求和摄入量高的时期进行，否则未被植物吸收利用的氮、磷容易流失并随地表径流进入水体造成富营养化；而厨余垃圾厌氧消化设施常年连续运行，沼液、沼渣一年四季源源不断产生，因此，厌氧消化设施设计时要充分考虑配套的沼液、沼渣存储能力，尤其是储存秋冬季节产生的沼液、沼渣，直至来年作物生长季节施用，应在密封的储存池（图 5-10）中贮存，避免氨和甲烷的外溢。而且，即使在植物生长旺盛的季节，也推荐将消化残余物、沼液密封储存 100 d 以上后施用，可以最大程度地减少沼液施用到土地后的甲烷释放量。

图 5-10　密封式沼液储存池[78]

5.5　沼液的利用案例

5.5.1　应用案例——厨余垃圾沼液用于运动场草坪养护种植[79]

1. 应用场景

运动场草坪。

2. 植物

黑麦草。

3. 施用类型

沼液。

4. 施用量

100～200 kgN/(hm² · a)。假定沼液含氮量为 2000 mgN/L 或 2 kgN/m³，则相当于每年施用沼液 50～100 m³/(hm² · a)。

5. 施用频率

一年施用 5 次，即每次施用量为 20～40 kgN/hm²。沼液以含氮量 2000 mgN/L 计，则相当于每次施用沼液 10～20 m³/hm²，或 1～2 kg/m²。

6. 研究周期

2 年。

7. 施用效果

根据绿色指数、叶绿素含量、营养物含量、草地组成、根生长情况等草地质量指标以及土壤理化生性质指标，表明 100 kgN/(hm² · a) 沼液的施用效果与 100 kgN/(hm² · a) 的化肥（含 12％N，4％P 和 6％K）的效果相同，对土壤理化生性质没有明显影响。但沼液 200 kgN/(hm² · a) 施用量时，土壤钠离子含量会有显著增加，土壤健康的标志指标"菌根定植"有所降低。

8. 注意事项

表面施用时，沼液中的固含物可能会堵塞水管喷嘴。因此需要固液分离。

5.5.2　应用案例——厨余垃圾消化残余物用于棕地土壤修复草本植物种植[79]

1. 应用场景

棕地（垃圾填埋场）种植草本能源作物。

2. 植物

三种能源作物是芒草、金丝雀草和黑麦草。

3. 施用类型

消化残余物。

4. 施用量和施用方法

作为基肥，消化残余物 50 m³/hm²，埋深 40 cm；春季作物开始生长时，作为追肥，再施用 50 m³/hm²。因此，消化残余物总施用量为 100 m³/hm²。

5. 研究周期

2 年。

6. 施用效果

显著改善土壤质量，表土有机质含量增加 1 倍；土壤的物理结构和土壤生物活力显著增加。黑麦草产量为 9.6 t/hm²（干重）。作为对照，没有施有机肥的棕地，产量为 5.5 t/hm²（干重）；施加了有机肥的棕地，产量为 8.2 t/hm²（干重）。即沼渣施用使黑麦草产量分别增加了 75% 和 17%。芦苇金丝雀草产量为 5.3 t/hm²（干重）。作为对照，没有施有机肥的棕地，产量为 2.6 t/hm²（干重）；施加了有机肥的棕地，产量为 4.9 t/hm²（干重）。即沼渣施用使黑麦草产量分别增加了 104% 和 8%。芒草效果不显著，可能原因是这种作物发挥完全的产量潜力要 4~5 年。

5.5.3 应用案例——厨余垃圾消化残余物用于棕地土壤修复木本植物种植[79]

1. 应用场景

棕地（垃圾填埋场）种植木本能源作物。

2. 植物

速生柳。

3. 施用类型

消化残余物，其含固率 TS>4%wt。

4. 施用量和施用方法

360~1080 kgN/(hm²·a)，相当于生长季灌溉消化残余物 1~3 次，每次 50 m³/hm²。铺设灌溉系统（图 5-11）表面灌溉。

图 5-11　厨余垃圾厌氧消化残余物浇灌速生柳[79]

5. 研究周期

2 年。

6. 施用效果

和常规操作，也就是通常没有施化肥的种植对照相比，施用不同量的消化残余物没有对速生柳造成显著变化，也证明了使用消化残余物对速生柳生长没有造成不利影响，但土壤有机质含量提高了。

7. 注意事项

可能会出现灌溉设备喷嘴堵塞问题，需要选择合适的喷嘴尺寸。

5.5.4　应用案例——餐厨垃圾消化残余物、沼液用于种植盆栽观赏植物[80]

1. 应用场景

盆栽观赏植物。

2. 植物类型

波浪形仙客来（喜树皮，能够忍受树皮与木材的高碳氮比）、蕨类（代表叶植物）和黑松（代表树种，并且在微酸培养基质中能够茁壮成长）。

3. 施用类型

（1）餐厨垃圾沼液：$NO_3-N=4.16$ mg/L，$NH_4-N=2543$mg/L，pH＝8.06，电导率＝20.1 mS/cm，固含物＝2.9% wt，有机质＝89.3%dw。N＝4257 mg/L，P＝350 mg/L，K＝1329 mg/L，S＝190 mg/L，Na＝987 mg/L。

（2）餐厨垃圾消化残余物：$NO_3-N=1.90$ mg/L，$NH_4-N=3736$ mg/L，pH＝8.36，电导率＝30.5mS/cm，固含物＝2.5%wt，有机质＝88.0%dw。N＝5876 mg/L，P＝339 mg/L，K＝2361 mg/L，S＝164 mg/L，Na＝1473 mg/L。

（3）玉米秸秆沼液：$NO_3-N=4.93$ mg/L，$NH_4-N=1601$ mg/L，pH＝7.73，电导率＝16.6mS/cm，固含物＝5.3%wt，有机质＝94.2%dw。N＝3801 mg/L，P＝418 mg/L，K＝3272 mg/L，S＝254 mg/L，Na＝130 mg/L。

（4）土豆废物消化残余物：$NO_3-N=1.09$ mg/L，$NH_4-N=1932$ mg/L，pH＝7.86，电导率＝19.6 mS/cm，固含物＝2.2%wt，有机质＝86.4%dw。N＝2914 mg/L，P＝220 mg/L，K＝4775 mg/L，S＝102 mg/L，Na＝36 mg/L。

4. 施用量和施用方法

和基质混合，基质构成（体积比）为60%树皮（Nursery Grade，8～16 mm）、30%木材纤维、10%表土。每5 L基质混合0.1 L、0.25 L、0.5 L、0.75 L、1 L沼液（消化残余物）。将基质与沼液（消化残余物）在水泥搅拌机中充分混合，具体操作如下：

（1）首先将沼液（消化残余物）逐渐倒在树皮上，搅拌几分钟直到完全混合。

（2）然后添加木材纤维并混合。

（3）最后加入表土，再次混合，直到混合物均匀，消化残余物完全吸收，装袋。

5. 施用效果

（1）与树皮等混合后，消化物的气味迅速消散，混合料的持水量与泥炭土种植基质没有明显差异。

（2）0.5 L、0.25 L 和 0.1 L 消化物的混合料密度与泥炭和无泥炭生长介质相似。密度会影响运输成本，因此 0.5 L 消化物混合料最适合园艺部门的大规模生产使用与运输。

（3）黑松：和泥炭土对照组，以及不同消化残余物添加量组间均无显著区别；生长时间基本一致；全株、茎、根的平均干重以及干物质含量、平均根冠比，均无显著影响。

（4）蕨类植物：平均叶片数与叶长均无显著影响；叶绿素含量无显著影响；餐厨垃圾消化残余物和沼液添加量为 1 L 对叶片质量有很大影响，叶片质量显著降低，可能是较高的钠含量导致的。但 0.5 L 及以下的添加量则无任何影响，生长时间基本一致。餐厨垃圾消化残余物和沼液添加量为 1 L 时，植物干重显著降低，玉米秸秆沼液添加量为 0.75 L 和 1 L 时的植物干重均有下降；餐厨垃圾的消化残余物和沼液添加量为 1 L 时根和茎生长量较低。对植物根冠比无显著影响。

（5）仙客来：使用餐厨垃圾消化残余物仅 0.1 L 时的平均叶片数显著低于对照组，花数无法对比。使用餐厨垃圾沼液的，添加量越高越能提高叶绿素含量，叶片质量无显著影响，生长时间基本一致。使用玉米秸秆沼液的花随月份变化的产量的钟型曲线与对照组最贴合，干重与球茎生长无显著影响。

6. 其他

使用混合料的实验组植物中苔藓覆盖率很低，因此会对植物的整体品质产生积极影响，然而这与消化物添加量并无关联，说明泥炭的存在和树皮控制影响了苔藓的生长。同时没有发现植物上有岸蝇或海蝇的迹象。试验期间不需要补充肥料，说明这类消化物能够为试验的三个物种提供适当的养分。同时这类消化物中潜在毒性元素浓度较低,远低于英国堆肥标准 PAS100 中限值。

综上,0.5 L 的沼液(消化残余物)用于种植仙客来、蕨类、黑松是可行的。

5.5.5 应用案例——餐厨垃圾消化残余物、沼液用于种植园艺草莓[80]

1. 应用场景

园艺观赏草莓,无土栽培。

2. 植物类型

园艺草莓。

3. 施用类型

(1)餐厨垃圾沼液:N=4257 mg/L,NH_4-N=2543 mg/L,NO_3-N=4 mg/L,P=97 mg/L,K=1382 mg/L,S=89 mg/L,Na=1142 mg/L;固含物=2.8%wt,C:N=3.5,pH=8.1,电导率=20.1mS/cm。

(2)餐厨垃圾消化残余物:N=5876 mg/L,NH_4-N=3736 mg/L,NO_3-N=2 mg/L,P=211 mg/L,K=2120 mg/L,S=92 mg/L,Na=1376 mg/L;固含物=2.5%wt,C:N=2.2,pH=8.4,电导率=20.1mS/cm。

(3)土豆废物消化残余物:N=2914 mg/L,NH_4-N=1932 mg/L,NO_3-N=1 mg/L,P=120 mg/L,K=4828 mg/L,S=32 mg/L,Na=34 mg/L;固含物=2.2%wt,C:N=3.8,pH=7.9,电导率=19.6 mS/cm。

(4)牛鸡粪消化残余物:N=4287 mg/L,NH_4-N=3603 mg/L,NO_3-N=2 mg/L,P=224 mg/L,K=3512 mg/L,S=163 mg/L,Na=570 mg/L;固含物=5.2%wt,C:N=5.6,pH=8.2,电导率=14.4 mS/cm。

(5)农业废弃物沼液(原料为玉米秸秆、粪便、奶酪废物):

N＝3620 mg/L，NH_4-N＝1484 mg/L，NO_3-N＝5 mg/L，P＝224 mg/L，K＝3636 mg/L，S＝126 mg/L，Na＝291 mg/L；固含物＝5.5%wt，C：N＝7.7，pH＝7.7，电导率＝16.0 mS/cm。

（6）玉米秸秆沼液：N＝3801 mg/L，NH_4-N＝1602 mg/L，NO_3-N＝5 mg/L，P＝172 mg/L，K＝3353 mg/L，S＝89 mg/L，Na＝165 mg/L；固含物＝5.2%wt，C：N＝7.4，pH＝7.7，电导率＝16.6 mS/cm。

4. 施用方法

（1）沼液（消化残余物）处理

1）稀释 21～51 倍，以控制稀释后沼液至矿物氮为 71 mgN/L。作为对照，草莓商业液肥的矿物氮含量一般为 120～150 mgN/L。

2）早期同时补充：KNO_3＝28 mgN/L。

3）开花期（第 21 天）至结束：同时补充 KNO_3 和磷酸二氢钾（MKP）至浓度 49 mgN/L、47 mgP/L、196 mgK/L，微量元素 Fe＝1200 mg/L、Mn＝500 mg/L、Mo＝40 mg/L。

4）使用磷酸控制 pH 在 7～7.5。因此，餐厨垃圾消化残余物组不需要调节 pH。

（2）温室种植

照明时间为白天 16 h、夜晚 8 h。最低温度在初期控制在 12 ℃（白天）、8 ℃（夜晚），出现花苞后直至开始出现绿果，逐渐升温至 16 ℃（白天）、10 ℃（夜晚）。

（3）种植密度

8.5 株/m²。

（4）基质

标准泥炭商业种植袋，8 株/种植袋。

（5）低压滴灌

稀释沼液储放在 200 L 储水罐内，潜水泵输送，泵出水管放置 0.3 mm 滤网。

5. 建议施用量

（1）最低施用量

1）消化残余物稀释比：1∶52；

2）植株密度：8 棵/m²；

3）每季度每株植物所需消化残余物添加量：30 L 稀释消化残余物；

4）每季度每公顷所需消化残余物添加量：2400 m³ 稀释消化残余物；

5）每季度每公顷所需消化残余物添加量：46 m³ 消化残余物。

（2）最高施用量

1）消化残余物稀释比：1∶20；

2）植株密度：12 棵/m²；

3）每季度每株植物所需消化残余物添加量：30 L 稀释消化残余物；

4）每季度每公顷所需消化残余物添加量：3600 m³ 稀释消化残余物；

5）每季度每公顷所需消化残余物添加量：180 m³ 消化残余物。

（3）消化残余物储存池容积

按照每季度每公顷的消化残余物未稀释的添加量确定，即 46～180 m³/hm²。

6. 施用效果

（1）存活率

100%。

（2）叶片生长

无显著差异。

（3）开花数量

无显著差异。

（4）叶片质量

玉米秸秆沼液组与农业废弃物沼液组出现叶片边缘塌陷、茎坏死，原因为缺钙，随后在土豆废物消化残余物组、玉米秸秆沼液组与农业废弃物沼液组中出现严重的缺钙。解决方式是，高钾钙比预计会加剧钙的吸收困难，因此不再供给磷酸二氢钾，而通过磷酸来补充磷。餐厨垃圾沼液组和餐厨垃圾消化残余物组则没有这一问题。

（5）果实产量

餐厨垃圾沼液组、餐厨垃圾消化残余物组、牛鸡粪消化残余物组与 120 mgN/L 商业标准液肥对照组产量相似，达 $2.6\sim2.8$ kg/m^2（鲜重）；土豆废物消化残余物组、玉米秸秆沼液组略低于对照组，约为 $2.1\sim2.3$ kg/m^2（鲜重）；农业废弃物沼液组显著低于对照组，仅为 2.0 kg/m^2（鲜重）。

（6）果实重量

$11.5\sim13$ g/颗草莓。结果与果实产量相似，但消化残余物处理组和沼液处理组对果实产量的影响大于对果实重量的影响。

（7）果实产量峰值

6 个处理组的产量峰值均提前对照组一周。

（8）早季果实味觉

玉米秸秆沼液组与农业废弃物沼液组味觉最佳；消化残余物处理组和沼液处理组均高于对照化肥组。

（9）中季果实味觉

牛鸡粪消化残余物组味觉最佳，玉米秸秆沼液组与农业废弃物沼液组味觉评分下降至与对照组相似。但消化残余物处理组和沼液处理组均高于对照化肥组。

（10）晚季果实味觉

土豆废物消化残余物组、餐厨垃圾消化残余物组最佳，餐厨垃圾沼液组、农业废弃物沼液组低于对照组。

（11）整季果实味觉

餐厨垃圾消化残余物组、玉米秸秆沼液组最佳，显著高于餐厨垃圾沼液组。但消化残余物处理组和沼液处理组均高于对照化肥组。果实风味的改善最为显著。

（12）干物质含量

土豆废物消化残余物组、玉米秸秆沼液组与农业废弃物沼液组最高，且随季节进展而增加，平均从 9％上升至 11％。

（13）植被干重

对茎干重无显著影响。对地上部分干物质含量有显著影响，消化残余物处理组和沼液处理组均高于对照化肥组。

综上，从果实总产量和果实质量评级来说，餐厨垃圾沼液组、餐厨垃圾消化残余物组、牛鸡粪消化残余物组表现最佳，特别是餐厨垃圾消化残余物组、牛鸡粪消化残余物组在整个收获季的表现均优于对照化肥组，尤其是在果实味觉方面。根据测算，施用消化残余物和沼液可以减少 33％化肥量。综合考虑沼液储存和/或运输成本，则可以节省 7％～23％化肥成本。

7. 注意事项

（1）草莓生长喜欢偏酸土壤（pH＝6），因此，除了餐厨垃圾消化残余物外，其他稀释的时候均建议用磷酸调节 pH 为 7.0～7.5。

（2）滴灌滴嘴堵塞问题：除了农业废弃物沼液和牛鸡粪消化残余物外，滴灌滴嘴均未出现堵塞问题。均稀释后，上述液肥的固含物均低于 0.3％wt，而且通过 0.3 mm 筛网控制颗粒物。发生堵塞主要是由于长了藻，而不是因为颗粒物引起的。如果采用液肥注入器，则更不易发生堵塞问题。

5.5.6 应用案例——厨余垃圾消化残余物、沼液用于设施园艺无土栽培[81]

1. 应用场景

设施园艺，沼液作为无土栽培（穴施育苗）的惟一营养来源。

2. 植物类型

小白菜。

3. 施用类型

生活垃圾厌氧消化厂产生的沼液。该厌氧消化厂的进料是37%生活垃圾、29%粪便（其中猪粪占2/3，牛粪占1/3）、21%屠宰垃圾、5%油脂、8%其他垃圾，小于0.3%的氯化铁和铁污泥作为反应助剂。厌氧反应器运行温度为44 ℃，停留时间为50 d。沼液过0.8 mm筛（TS＝2.5%wt，pH＝8.1）后，通过移动床生物膜反应器进行硝化处理（停留时间＝51 d）。硝化沼液再和未消化沼液混合、稀释。最终处理后沼液的 $NH_4-N＝230$ mg/L，$NO_3-N＝420$ mg/L，总无机氮＝650 mg/L，K＝1241 mg/L，P＝97 mg/L，Na＝145 mg/L，pH＝7.7。

4. 施用方法

（1）种植基质

泥炭藓，无土栽培。

（2）温室种植

18 ℃，光照1200 W/(m^2·s)。

（3）种植方法

小白菜在4月30日播种，采用穴施育苗，每一个穴种一颗种子。出苗后采用两种商业肥料地下灌溉（各50%）。播种2周后将幼苗转移到2 L花盆中，使用的0～25mm泥炭混合5.5 kg/m^3的白云石石灰，使pH维持在6.1，用于后续处理。这些花盆保存在一个温室的隔间中，温度设置为18 ℃，屋顶的通风温度设置为20 ℃。根据需要浇入自来水，实验初期每7天1次，后期每天1次，手动将水慢慢加入，直至排入托盘的水达到5 mm高。51 d后收获植物。

5. 施用量

650 mgN/株，预处理后沼液无机氮浓度为250 mgN/L，因此，每株共需要 2.6 L 肥料液。

6. 施用频率

定植 3 d 后，每 2～3 d 施肥 1 次，共施肥 13 次；施肥剂量逐渐增加，初始剂量是最后剂量的 50%。肥料在 5 ℃ 下保存。

7. 施用效果

对比了纯预处理沼液组、预处理沼液＋无机肥料组、自配无机肥料组、商业标准无机肥料组，以及仅浇水的对照组。

（1）目视生长情况

所有处理组无显著差异。

（2）产量

1）纯预处理沼液组和自配无机肥料组干重、鲜重、叶绿素含量相同；

2）纯预处理沼液组的鲜重低于商业标准无机肥料组；

3）预处理沼液＋无机肥料组提高了鲜重，但叶绿素含量降低；

4）预处理沼液＋无机肥料组的鲜重产量与商业标准无机肥料组一样好，并且在干重产量上高于商业标准无机肥料组 17%。

（3）叶绿素

所有处理组无显著差异。

（4）叶片面积与数量

所有处理组无显著差异。

（5）营养摄取

对比纯预处理沼液组和预处理沼液＋无机肥料组，添加的营养物质均能够被吸收，除了钙和镁没有差异。预处理沼液＋无机肥料组地上部分矿物含量更接近商业标准无机肥料组。

综上，使用纯预处理沼液组与预处理沼液＋无机肥料组的矿物溶液效果相似；预处理沼液＋无机肥料组与商业标准无机肥料组效果相似。结果表明，植物对沼液中的营养物质利用率很高，沼液肥料可以完全替代无机肥料。

8. 注意事项

（1）沼液的 N、K 肥含量较高，但 P、Ca、S 含量较低。因为消化液是弱碱性，容易形成羟基磷灰石（HAp，$Ca_5(PO_4)_2OH$）沉淀至固相。而且厌氧消化过程若采用投加 Fe 方式来抑制厌氧还原环境产生的大量的 H_2S 有毒气体，则 S 主要是以生物可利用性很低的铁硫化合物形态存在，同样沉淀至固相。相比于有土栽培，无土栽培或者水培生产需要肥料的全营养，因此若沼液其他元素不足时，可适量混合些无机元素肥料。

（2）沼液的 N 以氨氮为主，在无土栽培或者水培生产的时候毒性较大，建议进行硝化处理后再用。

5.5.7　应用案例——餐厨垃圾消化残余物用于水培生产番茄和生菜[82]

1. 应用场景

作为水培溶液。

2. 植物类型

番茄园艺、生菜。

3. 施用类型

3 种消化残余物，分别是：

（1）餐厨垃圾消化残余物 A　TN＝6912 mg/L、NH_4-N＝6654 mg/L、NO_3-N＝258mg/L。

（2）餐厨垃圾消化残余物 B　TN＝4327 mg/L、NH_4-N＝4227 mg/L、NO_3-N＝100 mg/L。

（3）牛粪土豆废物消化残余物　TN＝3359 mg/L、NH_4-N＝2846 mg/L、NO_3-N＝513 mg/L。

4. 施用方法

消化残余物需要稀释到适当的浓度，使得铵含量仅占最终水培液总氮浓度的10%。然后添加无机营养来保证植物没有营养缺陷。稀释倍数和硝酸盐添加量分别如下：

（1）稀释倍数

1）餐厨垃圾消化残余物 A：番茄结果前为 589 倍；番茄结果后为 462 倍；生菜为 333 倍；

2）餐厨垃圾消化残余物 B：番茄结果前为 374 倍；番茄结果后为 294 倍；生菜为 211 倍；

3）牛粪土豆废物消化残余物：番茄结果前为 252 倍；番茄结果后为 198 倍；生菜为 142 倍。

（2）硝酸盐添加量

1）餐厨垃圾消化残余物 A：番茄结果前为 102 mg/L；番茄结果后为 129 mg/L；生菜为 179 mg/L；

2）餐厨垃圾消化残余物 B：番茄结果前为 101 mg/L；番茄结果后为 129 mg/L；生菜为 180 mg/L；

3）牛粪土豆废物消化残余物：番茄结果前为 100 mg/L；番茄结果后为 127 mg/L；生菜为 176 mg/L。

（3）水培液中各元素最终控制浓度

1）番茄结果前：N＝113 mg/L、P＝62 mg/L、Mg＝50 mg/L、K＝199 mg/L、Ca＝122 mg/L、Mn＝0.62 mg/L、Fe＝2.5 mg/L、Cu＝0.05 mg/L、Zn＝0.09 mg/L、Mo＝0.03 mg/L、Cl＝0.85 mg/L、B＝0.44 mg/L；

2）番茄结果后：N＝144 mg/L、P＝62 mg/L、Mg＝50 mg/L、K＝199 mg/L、Ca＝165 mg/L、Mn＝0.62 mg/L、Fe＝2.5 mg/L、Cu＝0.05 mg/L、Zn＝0.09 mg/L、Mo＝0.03 mg/L、Cl＝0.85 mg/L、B＝0.44 mg/L；

3）生菜：N＝200 mg/L、P＝62 mg/L、Mg＝50 mg/L、K＝154 mg/L、Ca＝247 mg/L、Mn＝0.62 mg/L、Fe＝2.5 mg/L、Cu＝0.05 mg/L、Zn＝0.09 mg/L、Mo＝0.03 mg/L、Cl＝0.85 mg/L、B＝0.44 mg/L。

（4）种植方法

水培（无土培养），将番茄与生菜种植在岩棉育苗块中，然后放入开放式水培系统，每七天更换一次充气营养液，充气是为了供氧。设一组常规水培营养液做对照。

5. 施用效果

（1）番茄的产量、口感、糖含量无显著差异。

（2）生菜的产量无显著差异。在消化残余物营养液中生长的叶片具有较高的钙和铜浓度。在消化残余物中检测到沙门氏菌和大肠杆菌，但经过测试生菜没有被病原体污染。

6. 注意事项

（1）稀释量要足够，以确保铵浓度适宜。

（2）要注意沼液中还可能残留的致病菌。

（3）用于水培液的沼液建议先进行硝化预处理[83]。

5.5.8　应用案例——植物残渣沼液用于水培生产白菜[84]

1. 应用场景

作为水培生产营养液，通过 pH 自动控制，解决沼液氨氮浓度高、pH 波动的问题。

2. 植物类型

白菜。

3. 施用类型

厌氧消化厂沼液。该厌氧消化厂的进料是各类植物残渣，其中秸秆占了 85.5%，食品工业废物占 12.5%，氯化铁占 2%。厌氧反应器的停留时间为 80 d。未处理消化残余物（TS＝7.3%、氨氮＝2400 mgN/L）首先过 0.8 mm 筛，并用水稀释直至氨氮浓度至 210 mgN/L（pH＝8.2、EC＝2 mS/cm^2、NO_2－N ＜1 mgN/L、NO_3－N ＜1 mgN/L、P＝38 mg/L、K＝240 mg/L）。然后进一步采用移动床膜反应器（MBBR）进行硝化，最终硝化沼液的氨氮浓度降至 14 mgN/L（pH＝5.0、EC＝1.8 mS/cm^2、NO_2－N＜78 mgN/L、NO_3－N＜90 mgN/L、P＝41 mg/L、K＝250 mg/L）。

4. 施用方法

（1）水培方法

营养膜技术（NFT）。NFT 系统由 16 个 12 cm 的沟渠组成，每个沟渠有 5 个网盆，行内种植间距为 25 cm，行间种植间距为 40 cm。每个沟代表一个单独的系统，每个处理使用 4 个重复的沟。通道斜率为 1.8%，流速为 3.5 L/min。采用这种高流速是为了避免固体在沟渠中沉降。再循环系统中的最小管道/喷嘴尺寸为 12.7 mm，以避免堵塞。

（2）温室种植

每天光照 18 h，由高压钠灯（400 W，飞利浦，埃因霍温，荷兰）提供，补充光量平均为 97 μmol/(m^2·s)，相当于每天光积分为 6.3 mol/m^2。白天/夜晚温度设置为 20℃ /18 ℃，并通过加热和自然通风进行控制。

（3）硝化

NFT 系统同时复合外置 MBBR 和内置 MBBR，实现 pH 调节和硝化。

（4）施用量

硝化沼液每周添加 1～3 次，每次 2L（每个 NFT 系统储存池是 10～15 L）。

5. 施用效果

（1）沼液水培和基于化肥的常规水培能达到同等的产量，但培养时间要长 20%。

（2）通过添加沼液实现自动 pH 控制，可以获得与化肥水培相似的干重产量。

综上，沼液适合用于白菜水培生产。

6. 注意事项

需要考虑沼液的铵含量、pH 和硝化预处理。

7. 其他

类似的采用农业废弃物沼液水培小生菜的研究表明，低负荷沼液添加组显著增加了植物的抗氧化能力[85]。

5.5.9 应用案例——按照《畜禽粪便安全还田施用量计算方法》NY/T 3958—2021 估算厨余垃圾沼液的施用量

我国农业行业标准《畜禽粪便安全还田施用量计算方法》NY/T 3958—2021 规定了经堆肥、好氧发酵、贮存、厌氧消化等方式无害化处理的畜禽粪便以及以畜禽粪便为主要原料制成的有机肥、复混肥料等年安全还田施用量的计算方法。因此，可作为厨余垃圾沼液、沼渣进行各类土地利用时的参考依据。

该标准是综合根据作物养分需求量与农田土壤重金属负载容量，计算区域农田畜禽粪便年安全还田施用量。考虑到厨余垃圾沼液、沼渣的重金属含量均极低（图 5-5），因此，可仅根据不同作物养分需求量计算当季最大施用量。

假设不能开展田间试验和土肥分析化验，厨余垃圾沼液氮含量 0.2%（2000 mg/L），磷含量 0.04%（400 mg/L）；畜禽粪便的当季利用率 25%，沼液作为基肥和（或）追肥的养分含量占施肥总量的比例为 50%；区域土壤的土壤肥力水平为 II 级，则由施肥创造的产量占总产量的比例为 45%。由此，计算得表 5-7 不同类型作物当季的沼液最大施用量。读者可以根据实测的沼液氮、磷含量进行换算，如果实测沼液氮浓度降为 1000 mg/L，则当季按氮承载量控制的沼液施用量可翻 1 倍。

几种主要作物沼液当季最大施用量 表 5-7

作物种类	按氮控制的沼液施用量（t/hm²）	按磷控制的沼液施用量（t/hm²）	当季沼液施用量（t/hm²）
小麦	61	101	61
水稻	60	108	60

续表

作物种类	按氮控制的沼液施用量 （t/hm²）	按磷控制的沼液施用量 （t/hm²）	当季沼液施用量 （t/hm²）
苹果	41	54	41
梨	48	116	48
柑橘	61	56	56
黄瓜	95	152	95
番茄	111	169	111
茄子	103	152	103
青椒	103	108	103
大白菜	61	142	61

5.5.10 应用实例——英国废弃物回收行动组织的沼液、沼渣长期施用经验[86]

英国废弃物回收行动组织（WRAP，Waste and Resources Action Programme）于 2010～2015 年间在英国威尔士、苏格兰和英格兰的 22 个不同地点的试验田上进行了消化残余物和堆肥的长期施用验证[86]。所使用的沼液来源于厨余垃圾厌氧消化产生的。为了进行对比，在不同试验田中施用的还有普通化肥、堆肥，以及经过厌氧消化和未消化的畜禽粪便，所有有机肥料的施用量控制在 100～150 kgN/(hm² • a)，该案例所使用的沼液总氮浓度为 5.4 kg/m³，故每年施用的沼液量约折合为 18.5～27.8 m³/(hm² • a)。需要注意的是，不同沼液含氮量会略有差异，应根据实际含量进行计算。所施用的沼液和畜禽粪便更详尽的养分信息如表 5-8 所示。

施用沼液的主要养分信息[86] 表 5-8

	pH	干物质	总氮	氨氮	总磷 （P₂O₅）	总钾 （K₂O）	总镁 （MgO）	总硫 （SO₃）
单位	—	%	kg/m³	kg/m³	kg/m³	kg/m³	kg/m³	kg/m³
餐厨沼液	8.3	3.3	5.40	4.04	0.8	1.90	0.14	0.62
粪便沼液	7.4	3.7	3.17	1.94	0.87	2.54	0.51	0.65

沼液的施用方式为采用软管拖曳车（图 5-9），在每年春季的合适时机，分次施肥。为了比较不同季节的营养利用效率，部分试验田在秋季施肥。根据作物长势和营养需求补充部分化肥。种植的作物包括牧草、春小麦、冬小麦、大麦、油菜和土豆。

多年的田间施用结果（图 5-12）显示，厨余垃圾消化液春季施用的 N 吸收利用率平均可以达到 55%，在种植冬小麦的试验田上春季施肥利用率达到了 76%，而秋季施用利用率仅为 15%～20%；粪便消化液的对应利用率分别为 50% 和 15%。秋季施用在越冬的过程中氮的淋溶流失明显。

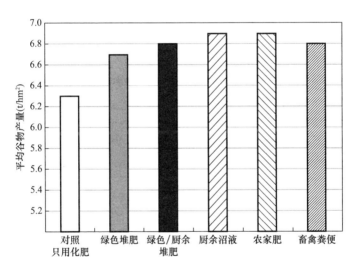

图 5-12　2011 年～2013 年间冬季粮食作物的平均产量[86]

同时该案例对施用沼液土地的作物质量进行了监测，包括谷粒相对密度、谷粒蛋白质含量以及油菜籽粒含油量，与只用化肥的对照组相比，作物产量及质量足够优异；作物中的重金属、真菌毒素和有机污染物含量均证明施用餐厨垃圾沼液是安全的。

由于有机肥料中除了氮之外还含有诸如磷、钾、硫等多种营养元素，从而使得施用有机肥料的田地粮食产量均优于只施用化肥的田地，厨余垃圾沼液的施用取得了最显著的谷物增产效果，每公顷土地可以增产约 0.6 t，在解决废物处理出路的同时，预计每公顷土地可以为农民节省 500～1500 元的化肥施用成本。

有机肥料的施用同时可以起到土壤改良的作用。施用沼液和堆肥的土地有机质含量均有所提高，并且这种效果在长期的使用后更为显著。施用沼液 3 年后，土壤有机质含量相比只用化肥的土地高 2%～3%。研究人员预期这种增长效应在长期的施用中会更加显著，预期施用堆肥 9 年的土地有机质含量可提高 24%。

连续施用沼液 3 年后，土壤中的总金属含量、重金属含量、有机污染物含量均低于欧盟关于污水污泥土地施用的安全限值，这是使农民可以放心在农业土地上施用沼液的有效证明。但与此同时，鉴于氨容易向空气中释放的特点，要求沼液在施用的过程中必须遵循良好的规范，通过表面撒播的方式施用所造成的氨释放高达 30% 以上，而通过拖曳软管或浅层土壤注入可以将氨的损失控制在 15%～20%。

5.6 沼渣的利用案例

5.6.1 应用案例——厨余垃圾沼渣用于棕地土壤修复草本植物种植[79]

1. 应用场景

棕地（垃圾填埋场）种植草本能源作物。

2. 植物

3 种能源作物是芒草、金丝雀草和黑麦草。

3. 施用类型

施用沼渣，含固率 TS=28%wt。

4. 施用量和施用方法

作为基肥，沼渣 750 t/hm^2，埋深 40 cm。对照组则施用有机肥 400 t/ hm^2，埋深 40 cm。

5. 研究周期

2 年。

6. 施用效果

显著改善土壤质量，表土有机质含量增加 1 倍；土壤的物理结构和土壤生物活力显著增加。黑麦草产量 9.7 t/hm^2（干重）。作为对照，没有施有机肥的棕地，产量为 5.5 t/hm^2（干重）；施加了有机肥的棕地，产量为 8.2 t/hm^2（干重）。即沼渣施用，使黑麦草产量分别增加了 76％和 18％。芦苇金丝雀草产量 6.6 t/hm^2（干重）。作为对照，没有施有机肥的棕地，产量为 2.6 t/hm^2（干重）；施加了有机肥的棕地，产量为 4.9 t/hm^2（干重）。即沼渣施用，使黑麦草产量分别增加了 154％和 35％。芒草效果不显著，可能原因是这种作物发挥完全的产量潜力要 4～5 年。

5.6.2　应用案例——厨余垃圾沼渣用于棕地种植多年生开花草本植物[79]

1. 应用场景

棕地（煤矿）土壤修复。

2. 植物

速生柳和芦苇金丝雀草。

3. 施用类型

施用沼渣，沼渣含固率 TS＝21.6％wt。

4. 施用量

937.5～1875 t/hm^2。

5. 施用方法

沼渣单用，或者和 750 t/hm^2 堆肥联合用。

6. 研究周期

1.5 年。

7. 施用效果

速生柳对沼渣的高氨氮和高电导率比较敏感，但第二年在所有研究组中以同时施用了 937.5 t/hm² 沼渣和 750 t/hm² 堆肥的植物生长量最高，达 20 t/hm²（干重）。芦苇金丝雀草对沼渣则适应得很好，第一年效果就比较显著，均比什么都不施用的对照组高；第二年，对照组产量为 5.6 t/hm²（干重），仅施用了 937.5 t/hm² 的沼渣组产量为 12.5 t/hm²（干重），略高于仅施用 750 t/hm² 堆肥组（12 t/hm²（干重）），仅略低于同时施用了 937.5 t/hm² 沼渣和 750 t/hm² 堆肥组（12.7 t/hm²（干重））；仅施用了 1875 t/hm² 沼渣组的产量降低至 8.5 t/hm²（干重），同时施用了 1875 t/hm² 沼渣和 750 t/hm² 堆肥组的产量有所提升，至 12.3 t/hm²（干重）。施用了沼渣或堆肥后，土壤质量的各项指标均显著改善。

8. 注意事项

本案例使用的沼渣含水率较高，黏性高，不易分散。因此，建议堆置风干降低含水率后再使用。本案例使用的沼渣没有足够稳定，因此第一年速生柳成活率降低，因此，沼渣务必堆肥稳定后再使用。

5.6.3 应用案例——厨余垃圾沼渣作为城市园艺土壤改良剂[87]

中国香港 O·Park1 位于北大屿山小蚝湾，是香港首个有机资源回收中心，于 2018 年建成。该案例采用厌氧消化技术将厨余垃圾转化为沼气发电，消化残余物加工成副产品堆肥，用于园林绿化和农业生产用途。处理规模 200 t/d，厌氧消化温度 35 ℃，停留时间 23 d。

厌氧消化残余物经离心机脱水后产生的沼渣的含固率为 25%wt，混合膨松剂后送到隧道型堆肥反应器内作稳定处理。堆肥时间约 20 d，以降解剩余的有机物及减少水分。每条隧道均设有空气配送系统及洒水系统，为堆肥过程提供空气及调节堆肥的含水率。空气加热后再配送入隧道内，以维持隧道温度于 55 ℃。已腐熟的堆肥可用于园林绿化和作为农业生产的土壤改良剂。该沼渣堆肥土壤改良剂的包装和成分如图 5-13 和表 5-9 所示，包装袋上注明了使用方法：（1）只适用于一般园艺用途；（2）以 1 份此土壤改良剂和 3 份泥土（1∶3）混合使用。

图 5-13　中国香港 O·Park1 厨余垃圾沼渣加工成
土壤改良剂的包装产品

中国香港 O·Park1 厨余垃圾沼渣加工成土壤改良剂成分　　表 5-9

成分	数值
钾总量（以 K_2O 计）	＞0.4％
氮总量（以 N 计）	＞2％
磷总量（以 P_2O_5 计）	＞2％
有机物	＞20％
pH	5.5～8.5
碳氮比	≤25∶1
种子发芽率	80％～100％

参 考 文 献

［1］ Nelles M，Nassour A，El Naas A，Lemke A，Morscheck G，Schüch A，何品晶，吕凡，邵立明，章骅. 中国城市生活垃圾中生物质组分的回收和利用研究［M］. Rostock：Federal Ministry of the Environment，Nature Conservation，Building and Nuclear Safety，2017.

［2］ 何品晶，张春燕，杨娜，章骅，吕凡，邵立明. 我国村镇生活垃圾处理现状与技术路线探讨［J］. 农业环境科学学报，2010，29（11）：2049-2054.

［3］ Dehoust G，Schueler D，Vogt R，Giegrich J. Climate Protection Potential in the Waste Management Sector. Examples：Municipal Waste and Waste Wood［M］. Germany：Umweltbundesamt，2010.

［4］ Cuhls C，Mähl B，Clemens J. Ermittlung der Emissionssituation bei der Verwertung von Bioabfällen（Determination of the Emission Situation in the Recycling of Organic Waste）［M］. Germany：Umweltbundesamt，2015.

［5］ Liao N，Bolyard S C，Lü F，Yang N，Zhang H，Shao L，He P. Can waste management system be a greenhouse gas sink? Perspective from Shanghai，China［J］. Resources，Conservation and Recycling，2022，180：106-170.

［6］ Levis J W，Barlaz M A. What is the most environmentally beneficial way to treat commercial food waste?［J］. Environmental Science & Technology，2011，45（17）：7438-7444.

［7］ 赵会林，鲁新蕊. 北方寒冷地区沼气池的应用与发展研究［J］. 东北水利水电，2019，37（5）：67-68＋70.

［8］ 赵嵩颖，秦雨晴，颜萍，赵超洋. 相变蓄热电采暖沼气池蓄热结构优化［J］. 中国科技论文，2021，16（8）：830-835.

［9］ 余师漩. 基于相变储能技术的太阳能恒温沼气池［J］. 科学技术创新，2022，6：163-167.

［10］ 徐庆贤，官雪芳，吴晓梅，吴飞龙，林斌，张冲. 恒压黑膜沼气池设计及运行效果分析［J］. 可再生能源，2022，40（6）：732-736.

［11］ 吕凡，章骅，郝丽萍，邵立明，何品晶. 易腐垃圾就近就地处理技术浅析［J］. 环境卫生工程，2020，28（5）：1-7.

［12］ Crowe M，Nolan K，Collins C，Carty G，Donlon B，Kristoffersen M. Biodegradable Municipal Waste Management in Europe［M］. Copenhagen：Office for Official Publications of the European Communities，2002.

［13］ Tsilemou K，Panagiotakopoulos D. Approximate cost functions for solid waste treatment facilities［J］. Waste Management & Research，2006，24（4）：310-322.

［14］ 吕凡，章骅，邵立明，何品晶. 基于物质流分析餐厨垃圾厌氧消化工艺的问题与对策［J］. 环境卫生工程，2017，25（1）：1-9.

［15］ 何品晶. "分类"是农村生活垃圾治理的关键［N］. 中国建设报，2019-05-17.

［16］ 邵立明，崔广宇，廖南林，吕凡，章骅，何品晶. 农村多源易腐垃圾机械预处理强化自然通风阳光房堆肥技术及示范工程［J］. 环境卫生工程，2022，30（2）：107-109.

［17］ Wong J W C，Wang X，Selvam A. Improving compost quality by controlling nitrogen loss during composting［J］. Current Developments in Biotechnology and Bioengineering，2017，59-82.

［18］ De Dobbelaere A，Keulenaere B，De Mey J，Lebuf V，Meers E，Ryckaert B，Schollier C，Driessche J. Small-scale Anaerobic Digestion：Case Studies in Western Europe［M］. Wervik：Inagro vzw，2015.

［19］ Li J，Kong C，Duan Q，Luo T，Mei Z，Lei Y. Mass flow and energy balance plus economic analysis of a full-scale biogas plant in the rice-wine-pig system［J］. Bioresource Technology，2015，193：62-67.

[20] Spyridonidis A，Vasiliadou I A，Akratos C S，Stamatelatou K. Performance of a full-scale biogas plant operation in Greece and its impact on the circular economy［J］. Water，2020，12（11）：3074.

[21] 王志杰，何品晶，章骅，彭伟，邵立明，吕凡. 厌氧消化残余物土地利用的中外标准政策浅析［J］. 环境卫生工程，2022，30（1）：17-27.

[22] He P，Huang Y，Qiu J，Zhang H，Shao L，Lü F. Molecular diversity of liquid digestate from anaerobic digestion plants for biogenic waste［J］. Bioresource Technology，2022，347：126373.

[23] 边文范，王艳芹，李国生，张昌爱，张玉凤，姚利，曹德宾，袁长波，刘英. 一种沼渣营养钵及其制备方法和应用：中国，CN102440158A，［P］，2012-05-09.

[24] 屈安安，郭钰，段娜，刘志丹，施正香. 基于沼渣原料的高温高湿杀菌耦合热风干燥生产牛床垫料工艺参数研究［J］. 中国沼气，2021，39（6）：6.

[25] Mirosz L，Amrozy M，Trzaski A，Wiszniewska A. What policymakers should know about micro-scale digestion［R］. Poland：National Energy Conservation Agency（NAPE），2015.

[26] 吕凡，彭伟，章骅，何品晶. 小型规模厌氧消化设施应用进展和挑战［J］. 中国沼气，2023，41（3）：3-12.

[27] Liao N，Lü F，Zhang H，He P. Life cycle assessment of waste management in rural areas in the transition period from mixed collection to source-separation［J］. Waste Management，2023，158：57-65.

[28] 张宁，何品晶，章骅，宗兵年，吕凡. 太湖沉水植物残体理化性质和资源性分析［J］. 农业资源与环境学报，2023，40（4）：873-882.

[29] Nie E，He P，Duan H，Zhang H，Shao L，Lü F. Microbial and functional succession during anaerobic digestion along a fine-scale

temperature gradient of 26-65℃ [J]. ACS Sustainable Chemistry & Engineering，2021，9（47）：15935-15945.

［30］何品晶，周琪，吴铎，蔡涛，彭伟，吕凡，邵立明. 餐厨垃圾和厨余垃圾厌氧消化产生沼渣的脱水性能分析 [J]. 化工学报，2013，64（10）：3775-3781.

［31］Zheng W，Phoungthong K，Lü F，Shao L，He P. Evaluation of a classification method for biodegradable solid wastes using anaerobic degradation parameters [J]. Waste Management，2013，33（12）：2632-2640.

［32］Zheng W，Lü F，Phoungthong K，He P. Relationship between anaerobic digestion of biodegradable solid waste and spectral characteristics of the derived liquid digestate [J]. Bioresource Technology，2014，161：69-77.

［33］何品晶. 固体废物处理与资源化技术 [M]. 第 2 版. 北京：高等教育出版社，2023.

［34］Temple R K，Needham J，Biochemiker R. The Genius of China：3,000 Years of Science，Discovery，and Invention [M]. Rochester，Vermont：Inner Traditions，2007.

［35］ He P. Anaerobic digestion：An intriguing long history in China [J]. Waste Management，2010，30（4）：549-550.

［36］郭世英，潘嘉禾. 中国沼气早期发展历史 [M]. 重庆：科学技术文献出版社重庆分社，1988.

［37］Jegede A O，Bruning H，Zeeman G. Location of the inlets and outlets of Chinese dome digesters to mitigate biogas emission [J]. Biosystems Engineering，2018，174：153-158.

［38］Energypedia. Floating Drum Biogas Plants [EB/OL]. https://energypedia.info/wiki/Floating_Drum_Biogas_Plants.

［39］Martí-Herrero J，Chipana M，Cuevas C，Paco G，Serrano V，Zymla B，Heising K，Sologuren J，Gamarra A. Low cost tubular digesters as appropriate technology for widespread application：Results and lessons learned from Bolivia [J]. Renewable Energy，2014，71：156-165.

[40] 李岳. "垃圾发酵池"的沛县实践与增温措施 [J]. 中国农村科技，2020，10：70-73.

[41] Wiedemann L，Conti F，Janus T，Sonnleitner M，Zörner W，Goldbrunner M. Mixing in biogas digesters and development of an artificial substrate for laboratory-scale mixing optimization [J]. Chemical Engineering & Technology，2017，40（2）：238-247.

[42] Kowalczyk A，Harnisch E，Schwede S，Gerber M，Span R. Different mixing modes for biogas plants using energy crops [J]. Applied Energy，2013，112：465-472.

[43] Meister M，Rezavand M，Ebner C，Pümpel T，Rauch W. Mixing non-Newtonian flows in anaerobic digesters by impellers and pumped recirculation [J]. Advances in Engineering Software，2018，115：194-203.

[44] Wu B. CFD simulation of gas mixing in anaerobic digesters [J]. Computers and Electronics in Agriculture，2014，109：278-286.

[45] Conti F，Saidi A，Goldbrunner M. Numeric simulation-based analysis of the mixing process in anaerobic digesters of biogas plants [J]. Chemical Engineering & Technology，2020，43（8）：1522-1529.

[46] Conti F，Saidi A，Goldbrunner M. Evaluation criteria and benefit analysis of mixing process in anaerobic digesters of biogas plants [J]. Environmental and Climate Technologies，2020，24（3）：305-317.

[47] Stroot P G，McMahon K D，Mackie R I，Raskin L. Anaerobic co-digestion of municipal solid waste and biosolids under various mixing conditions-I. Digester performance [J]. Water Research，2001，35（7）：1804-1816.

[48] Li L，Wang K，Sun Z，Zhao Q，Zhou H，Gao Q，Jiang J，Mei W.

Effect of optimized intermittent mixing during high-solids anaerobic co-digestion of food waste and sewage sludge: Simulation, performance, and mechanisms [J]. Science of The Total Environment, 2022, 842: 156882.

[49] Annas S, Elfering M, Jantzen H-A, Scholz J, Janoske U. Experimental analysis of mixing-processes in biogas plants [J]. Chemical Engineering Science, 2022, 258: 117767.

[50] Lemmer A, Naegele H J, Sondermann J. How efficient are agitators in biogas digesters? Determination of the efficiency of submersible motor mixers and incline agitators by measuring nutrient distribution in full-scale agricultural biogas digesters [J]. Energies, 2013, 6 (12): 6255-6273.

[51] McMahon K D, Stroot P G, Mackie R I, Raskin L. Anaerobic codigestion of municipal solid waste and biosolids under various mixing conditions-II: Microbial population dynamics [J]. Water Research, 2001, 35 (7): 1817-1827.

[52] Vavilin V A, Angelidaki I. Anaerobic degradation of solid material: Importance of initiation centers for methanogenesis, mixing intensity, and 2D distributed model [J]. Biotechnology and Bioengineering, 2005, 89 (1): 113-122.

[53] Sindall R C. Increasing the efficiency of anaerobic waste digesters by optimising flow patterns to enhance biogas production [D]. Birmingham: University of Birmingham, 2015.

[54] Dustin J S, Hansen C L. Completely stirred tank reactor behavior in an unmixed anaerobic digester: The induced bed reactor [J]. Water Environment Research, 2012, 84 (9): 711-718.

[55] Qian M Y, Li R H, Li J, Wedwitschka H, Nelles M, Stinner W, Zhou H J. Industrial scale garage-type dry fermentation of municipal solid waste to biogas [J]. Bioresource Technology, 2016, 217: 82-89.

［56］ O'Connor S，Ehimen E，Pillai S C，Black A，Tormey D，Bartlett J. Biogas production from small-scale anaerobic digestion plants on European farms ［J］. Renewable and Sustainable Energy Reviews，2021，139：110580.

［57］ Nie E，He P，Zhang H，Hao L，Shao L，Lü F. How does temperature regulate anaerobic digestion? ［J］. Renewable and Sustainable Energy Reviews，2021，150：111453.

［58］ Lü F，Liu Y，Shao LM，He P. Powdered biochar doubled microbial growth in anaerobic digestion of oil ［J］. Applied Energy，2019，247：605-614.

［59］ Liu Y，He P，Duan H，Shao L，Lü F. Low calcium dosage favors methanation of long-chain fatty acids ［J］. Applied Energy，2021，285：116421.

［60］ 欧远洋，龙吉生. 提高垃圾焚烧厂发电效率的最新应用技术 ［J］. 环境卫生工程，2015，23（1）：4.

［61］ 吴剑，蹇瑞欢，刘涛. 我国生活垃圾焚烧发电厂的能效水平研究 ［J］. 环境卫生工程，2018，26（3）：39-42.

［62］ Guo J，He P，Liao N，Zhang H，Xu Q，Zhou X，Zeng Q，Lü F. Climate change impact of diverse food waste valorization processes beyond anaerobic digestion ［J］. ACS Sustainable Chemistry & Engineering，2023，11（14）：5656-5664.

［63］ González R，Hernández J E，Gómez X，Smith R，González Arias J，Martínez E J，Blanco D. Performance evaluation of a small-scale digester for achieving decentralised management of waste ［J］. Waste Management，2020，118：99-109.

［64］ Zhang J，Gu D，Chen J，He Y，Dai Y，Loh K C，Tong Y W. Assessment and optimization of a decentralized food-waste-to-energy system with anaerobic digestion and CHP for energy utilization ［J］. Energy Conversion and Management，2021，228：113654.

［65］ Sherrard A. Novel biogas plant feasts on culinary cultivar ［J］.

Bioenergy International, 2020, Digital Biogas Special 1: 16.

[66] ZeroWaste. [EB/OL]. San Francisco. http://www.zerowasteenergy.com.

[67] Li X, Guo J B, Pang C L, Dong R J. Anaerobic digestion and storage influence availability of plant hormones in livestock slurry [J]. ACS Sustainable Chemistry & Engineering, 2016, 4 (3): 719-727.

[68] Gerardo M L, Zacharof M P, Lovitt R W. Strategies for the recovery of nutrients and metals from anaerobically digested dairy farm sludge using cross-flow microfiltration [J]. Water Research, 2013, 47 (14): 4833-4842.

[69] Xu F Q, Khalaf A, Sheets J, Ge X M, Keener H, Li Y B. Phosphorus removal and recovery from anaerobic digestion residues [J]. Advances in Bioenergy, 2018, 3: 77-136.

[70] Cui G, Lü F, Lu T, Zhang H, He P. Feasibility of housefly larvae-mediated vermicomposting for recycling food waste added digestate as additive [J]. Journal of Environmental Sciences, 2022, 128 (6): 150-160.

[71] Peng W, Zhang H, Lü F, Shao L, He P. Char derived from food waste based solid digestate for phosphate adsorption [J]. Journal of Cleaner Production, 2021, 297: 126687.

[72] Peng W, Zhang H, Lü F, Shao L, He P. From food waste and its digestate to nitrogen self-doped char and methane-rich syngas: Evolution of pyrolysis products during autogenic pressure carbonization [J]. Journal of Hazardous Materials, 2022, 424: 127249.

[73] Guilayn F, Jimenez J, Martel JL, Rouez M, Crest M, Patureau D. First fertilizing-value typology of digestates: A decision-making tool for regulation [J]. Waste Management, 2019, 86: 67-79.

[74] Lyons GA, Cathcart A, Frost JP, Wills M, Johnston C, Ramsey R, Smyth B. Review of two mechanical separation technologies for

the sustainable management of agricultural phosphorus in nutrient-vulnerable zones [J]. Agronomy, 2021, 11 (5): 836.

[75] Hjorth M, Christensen K V, Christensen M L, Sommer S G. Solid-liquid separation of animal slurry in theory and practice. A review [J]. Agronomy for Sustainable Development, 2010, 30 (1): 153-180.

[76] 史真超, 葛恩燕, 何品晶, 彭伟, 章骅, 吕凡. 基于碳氮平衡模型评价厨余垃圾厌氧消化工程 [J]. 中国环境科学, 2022, 42 (8): 3804-3811.

[77] Møller H B, Lund I, Sommer S G. Solid-liquid separation of live-stock slurry: efficiency and cost [J]. Bioresource Technology, 2000, 74 (3): 223-229.

[78] Lukehurst C T, Frost P, Al Seadi T. Utilisation of digestate from biogas plants as biofertilizer [R]. Vienna: IEA bioenergy, 2010.

[79] WRAP. Final Project Bulletin: A balanced approach to using diges-tate in landscape markets [R]. United Kingdoms: Waste and Re-sources Action Programme project report, 2015.

[80] Dimambro M, Steiner J, Sharp R, Brown S. Bark admixtures: Formulation and testing of novel organic growing media using quality digestates for the production of containerised plants [R]. United Kingdoms: Waste and Resources Action Programme project report, 2018.

[81] Asp H, Weimers K, Bergstrand K J, Hultberg M. Liquid anaerobic digestate as sole nutrient source in soilless horticulture-or spiked with mineral nutrients for improved plant growth [J]. Frontiers in Plant Science, 2022, 13: 770179.

[82] West H M, Ramsden S J, Othman M. Options for the use of quality digestate in horticulture and other new markets [R]. United King-doms: Waste and Resources Action Programme project report, 2015.

[83] Kechasov D, Verheul M J, Paponov M, Panosyan A, Paponov I A. Organic waste-based fertilizer in hydroponics increases tomato fruit size but reduces fruit quality [J]. Frontiers in Plant Science, 2021, 12: 1047.

[84] Pelayo Lind O, Hultberg M, Bergstrand K J, Larsson-Jönsson H, Caspersen S, Asp H. Biogas digestate in vegetable hydroponic production: pH dynamics and pH management by controlled nitrification [J]. Waste and Biomass Valorization, 2021, 12 (1): 123-133.

[85] Ntinas G K, Bantis F, Koukounaras A, Kougias P G. Exploitation of liquid digestate as the sole nutrient source for floating hydroponic cultivation of baby lettuce (*Lactuca sativa*) in Greenhouses [J]. Energies, 2021, 14 (21): 7199.

[86] WRAP. Digestate and compost in agriculture (DC-Agri) project reports [R]. United Kingdoms: Waste and Resources Action Programme project report, 2016.

[87] Comprehensive review on estimation of waste recovery rate [EB/OL]. Hongkong: Environmental Protection Department, 2014. https://www.opark.gov.hk/tc/.